Dieter Eikhoff
Volker Großkopf

Güterverkehr
in vollen Zügen
genießen

Ladegut

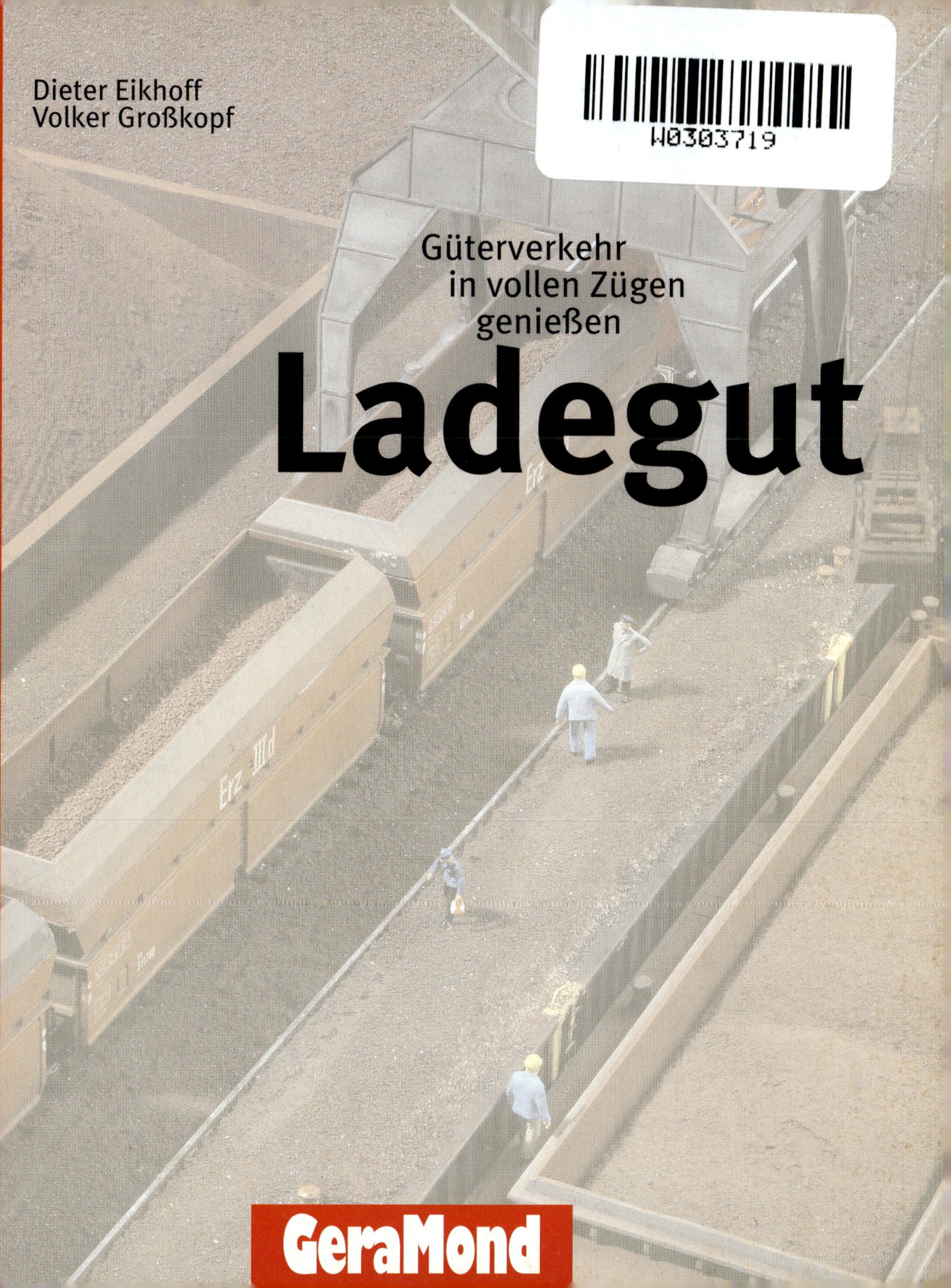

GeraMond

Imposante Ladekräne, Schiffe und schwere Güterzüge dienen nur einem Zweck: dem Transport von Eisenerz

Inhalt

Auf die Bahn gehören Güter!

Meist fährt schon die allererste Modellbahn eine Ladung aus Haselnüssen und Dominosteinen um den Weihnachtsbaum. Später stellen erwachsene Modellbahner trotz eines respektablen industriellen Angebots gern selbst Ladungen für ihre Wagen her. Nach den zu beladenden Wagentypen ergibt sich die Einteilung dieses Bandes: Offene Wagen, Niederbord-, Rungen- und Flachwagen sowie Lastkraftwagen. Oft ist auch bei gedeckten Wagen durch offen stehende Türen und Klappen das Ladegut sichtbar. Bestimmte Ladungen wie beispielsweise Autotransporte oder der Kombinierte Ladungsverkehr konnten hier nicht berücksichtigt werden.

Alle Ladungsvorschläge sind als H0-Modelle gestaltet, lassen sich aber in der Regel auf andere Maßstäbe übertragen. Auf keinen Fall sollen die Vorschläge nur den sklavischen Nachbau zulassen, vielmehr sind alle Beispiele als Anregungen für eigene Ideen zu verstehen. Immer nach dem Motto:
Güter gehören auf die Modellbahn

Eins

Offene Wagen

Zur Blütezeit der Eisenbahn hatten offene Güterwagen den weitaus größten Anteil an der Anzahl aller Güterwagen. Auch heute spielen offene Wagen weiterhin eine große Rolle. Während noch in den sechziger Jahren des vorigen Jahrhunderts zweiachsige Kastenwagen das Bild der Bahn bestimmten, kamen danach zunehmend Spezialkonstruktionen auf die Schienen, die auf einfache und rationelle Entladung ausgelegt waren.

Diese Wagen sind für so genannte Schüttgüter bestimmt, also witterungsunempfindliche Güter, die in großen Mengen anfallen. Beispiele sind Kohle, Gesteine, Schrott aber auch landwirtschaftliche Produkte und vieles mehr.

Ladeguteinsätze für Hochbordwagen

Natürlich lassen sich alle Ladegüter auch einfach lose in die Wagen füllen. Doch wird jeder Modellbahner, der mit seinen Modellen auch spielt, spätestens nach dem zweiten umgestürzten Wagen auf den Gedanken kommen, das Ladegut festzukleben.

Wechseleinsätze für offene Hochbordwagen entstehen immer nach gleichem Schema: Zuschnitt eines Holzbrettchens, Formen eines Hartschaumblocks mit einer Raspel, zusammenkleben und einfärben in der Farbe des vorgesehenen Ladeguts (von oben nach unten). Ist der Hartschaum stabil genug, kann auch auf die Holzunterlage verzichtet werden

Welche Ladung in welchem Wagen?

Anders als beim Vorbild ist bei Modellbahnern meist zuerst ein Wagen vorhanden, dann überlegt der Besitzer, womit er ihn beladen könnte. Je nach Wagentyp kommen dafür andere Möglichkeiten in Frage. Die Tabelle zeigt eine Auswahl typischer Frachten für die wichtigsten Wagentypen.
Dabei kommen einige Ladungen mehrfach vor. Für solche Frachten stehen verschiedene Wagentypen zur Wahl. Andere können nur auf bestimmten Wagen verladen werden.
Ein weiteres Kriterium für die Auswahl der Ladung ist die Ausstattung der Modellbahnanlage. Verfügt der Güterbahnhof zum Beispiel nicht über eine Kopframpe, können keine Straßenfahrzeuege verladen werden. Außerdem sollte das Ladegut zum Umfeld der Anlage passen. Hier kann man sich am Bedarf der dargestellten Industrieanlagen orientieren.
Dennoch muss kein Modellbahner auf attraktives Ladegut verzichten, wenn er durchgehende Güterzüge einsetzt.

Typische Ladungen

Wagentyp	Gattung Epoche 3	Gattung Epoche 4/5	Ladungen
Gedeckte Wagen	G	G	Obst, Gemüse (in Kisten), Getreide, Kartoffeln Großvieh (Kühe, Pferde) Kleincontainer, Paletten, Collicos Kisten, Fässer, Säcke, Kannen
Offene Wagen mit hohen Seitenwänden	O(mm)	E	Rohkohle, Hausbrand, Koks, Briketts (lose oder gebündelt) Kies, Sand Papierholz, Grubenholz (kurze Rundhölzer) Altholz (geschredderte Schwellen), Holzscheite Schrott (lose) Kartoffeln, Rüben, Äpfel Holzkisten (auch verhüllt), Fässer Schlacke
Muldenkippwagen	Ommi	Fz	Schotter Kohle, Koks, Briketts
Seitenentladewagen	Ot	Fc	Schotter
	OOt	Fad, Fa(a)l	Erze, Rohkohle, Hausbrand, Koks

Rungenwagen	R	K	Langholz, Schnittholz, Schwartenholz Heu-, Stroh-, Torfballen, Baumwolle Rund-, Profilstahl, Rohre Walzdraht-Ringe Baustahlmatten, Betonstahlbündel Betonteile (Rohre, Platten, Bauelemente) Kies, Sand, Altbettung Briketts (gebündelt) Schrott (gepresst) Diesel-, Elektromotoren, Kessel Maschinenteile, Drehteile, Wellen, Transportbänder Kirmes-Anlagen Kabeltrommeln, Holzkisten Lkw u. Lkw-Teile (Windläufe, Führerhäuser), Anhänger, Wohnwagen, Möbelwagen Traktoren und landwirtschaftliche Maschinen Boote Schwellen, Gleisjoche, Telegrafenmasten, Oberleitungsmasten, Starkstrommasten, Signale
Flachwagen	SS	R(es), Rlmms, Samm(s)	Rund-, Profilstahl, Spundwandteile, Rohre Brammen, Blech-, Stahlplatten, Coils Betonteile, Brückenträger Marmorblöcke Diesel-, Elektromotoren, Kessel Baumaschinen Lokomotivkessel, Trafos Straßenbahnen Großcontainer Schienen
Verschlagwagen	V	H	Kleinvieh (Schafe, Schweine, Geflügel)
Niederbordwagen	X	K	Maschinenteile Lkw, Traktoren, Anhänger, Wohnwagen Kirmes-Anlagen Boote Holzkisten Großcontainer Altbettung, Schlacke

Damit ein einmal mit Ladegut versehener Wagen nicht auf alle Zeiten damit herumfahren muss, empfiehlt sich die Verwendung von Ladeguteinsätzen, die sich leicht wieder entnehmen lassen. So kann der Wagen auch wieder leer oder mit einer anderen Ladung verkehren. Gerade für die Hochbordwagen (Gattungszeichen O, später E) war oft nicht genügend Fracht für die Rückfahrt vorhanden, so dass die Wagen in langen Leergüterzügen zur nächsten Beladung zurückgefahren wurden. Obendrein lässt sich der nicht sichtbare Teil des Ladeguteinsatzes aus anderem Material fertigen, so dass zum einen Gewicht eingespart wird und zum anderen weniger vom manchmal kostbaren Ladegut benötigt wird. Ein weiterer Vorteil der Ladeguteinsätze ist, dass sie auf verschiedene Wagen geladen werden können, vorausgesetzt diese besitzen gleich große Ladeflächen.

! Wechseleinsätze erlauben flexiblen Betrieb. Die Wagen sind schnell anders beladen.

Zum Bau sind zunächst Länge und Breite (Innenmaße) des Wagenmodells zu ermitteln. Der fertige Ladeeinsatz sollte etwa einen halben Millimeter schmaler und kürzer sein, damit er sich leicht entnehmen lässt.

Als Basismaterial dient ein Stück einer Hartschaumplatte, wie sie in jedem Baumarkt erhältlich ist. Aus einer solchen meist hellgelben, hellgrünen oder hellblauen Platte wird ein Stück in den Maßen der Ladefläche geschnitten. Die Höhe dieses Blocks richtet sich nach dem nachzubildenden Ladegut. Ist es relativ leicht wie zum Beispiel Koks, nimmt die Lademenge einen großen Raum ein, und die Ladung reicht fast bis zur Oberkante der Seitenwände. Von schwerem Transportgut (Beispiel Erz) kann nur bis zum maximalen Ladegewicht des Wagens geladen werden, obwohl der Laderaum des Wagens mehr fassen könnte.

Durch die Art, wie die Wagen beladen werden, ergibt sich die Oberfläche der Ladung. Läuft das Gut über eine Rutsche oder ein Transportband in den Wagen, so entstehen Haufen, die höher reichen als die Seitenwand. Die klassischen offenen Zweiachser wiesen meist drei solcher Schüttkegel auf.

Um dieses Aussehen zu erreichen, schneidet man den Hartschaumblock etwas höher und formt mit einer Raspel die Kegel in die Oberseite. Hierbei ist eine individuelle Form der Haufen durchaus

Spezifisches Gewicht von Massengütern

	Spezifisches Gewicht [g/cm³]	Raum pro Tonne [m³/t]
Holz	0,6 – 0,9	1,1 – 1,6
Koks	1,1 – 1,2	0,8 – 0,9
Kohle	1,3 – 1,6	0,6 – 0,8
Glas	2,5 – 3,0	0,3 – 0,4
Sand	2,6 – 2,8	~ 0,4
Schotter	2,7 – 3,0	0,3 – 0,4
Erz	3,0 – 5,0	0,2 – 0,3
Roheisen	7,7	0,13

erwünscht, so dass mehrere Wagen mit gleichem Ladegut unterschiedlich aussehen. Danach wird der Block mit Dispersionsfarbe gestrichen. Der Farbton sollte der Grundfarbe des Ladegutes entsprechen, also Schwarz für Kohle, Beige für Zuckerrüben, Ocker für Kartoffeln usw.

Nach dem Trocknen wird der Einsatz mit verdünntem Weißleim bestrichen und das Modellladegut darüber gestreut. Dabei sollte die gesamte sichtbare Oberfläche des Ladungseinsatzes bedeckt sein. Das Nachträufeln von Weißleim auf das Ladegut vermeidet man besser. Es überzieht das Ladegut mit einem falschen Plastikglanz durch getrockneten Leim. Wenn der Weißleim getrocknet ist, wird der Einsatz auf den Kopf gedreht, um überschüssiges Material abrieseln zu lassen. Erst dann kommt die fertige Ladung in den Wagen.

Ladeguteinsätze für Selbstentladewagen

Wagen der Gattung F (früher Ot) besitzen seitliche Klappen, aus denen das Ladegut durch Schwerkraft auslaufen kann. Diese auch Trichterwagen genannten Fahrzeuge sind wegen des Lichtraumprofils meist nach oben verjüngt. In Modelle nach solchen Vorbildern lassen sich Ladeguteinsätze deshalb nicht einfach von oben hineinstecken.

Bei manchen Modellen kann man die Wagenaufbauten so zerlegen, dass der sich verjüngende Teil abgenommen werden

In den geteilten Laderaum von Selbstentladewagen werden zwei Einsätze geklebt (oben).
Sie werden zusammen mit den Innenwänden dunkel gefärbt (Mitte).
Das rötliche Eisenerz wird erst im Wagen auf den Einsatz geklebt (unten)

kann. Dann ist das Wageninnere zugänglich. In den anderen Fällen, wie bei den Erzwagen, müssen flache Hartschaum-„Bretter“ gefertigt werden. Da das schwere Erz sich fast eben verteilt, kann man auf die Schüttkegel verzichten. Auf jeden Fall wirken Erzwagen immer nur „halb voll“, sind aber vom Gewicht her ausgelastet.

Die Einsätze werden schräg in die Laderäume eingeführt, waagerecht ausgerichtet und zur Sicherheit mit dem Wagenkasten verklebt. Ein Austausch der Ladung ist nicht sinnvoll, da die Wagen beim Vorbild immer für die gleiche Aufgabe benutzt wurden. Je nach der Farbe des Ladegutes wird der Schaumblock farbig behandelt, damit er nicht durchschimmern kann.

Zubehörlieferanten füllen echte Kohle in verschiedenen Körnungen ab. Korngrößen bis 3 mm wirken in H0 realistisch. Bei kleineren Baugrößen müssen die geringeren Fraktionen reichen

Koks und Kohle

Nach der Anzahl der beladenen Wagen dürfte Kohle wohl das häufigste Ladegut der Eisenbahn überhaupt sein. Das schwarze Gold ist in seinen Erscheinungsformen besonders variantenreich. Rein äußerlich unterscheiden sich schon Braunkohle, Steinkohle und Anthrazit durch die Intensität des Schwarz und ihren Glanzgrad. Je nach Verwendungszweck werden besonders von der Steinkohle unterschiedliche Körnungsgrößen versandt. Für Steinkohle bieten einige Hersteller modellbahngerecht sortierte Korngrößen echter Kohle an. Dabei sollte man aber beachten, dass große Bruchstücke von mehr als 30 Zentimeter Durchmesser eher selten waren. Für die Verwendung auf H0-Bahnen sind deshalb nur die Körnungen bis maximal drei Millimeter geeignet.

Um Kohle als Brennstoff rationeller zu handhaben, wird sie zu Koks für Industriezwecke einerseits und Briketts für Haushalte andererseits weiterverarbeitet. Koks ist fast reiner Kohlenstoff und daher wesentlich leichter als Steinkohle. Wagen für Koks erhielten deshalb oft Aufsätze aus Brettern auf die Seitenwände, um das zulässige Ladegewicht ausnutzen zu kön-

Für „Union“-Briketts (oben) benötigt man Kleinserien-Produkte zum Aufkleben auf den Schaumblock oder als fertige Stapel. Eierbriketts (unten) enstehen aus Mohnkörnern.

nen. Im Gegensatz zur Steinkohle ist Koks porös und wirkt daher matt. Zur Darstellung von Koks im Modell kann man schwarzes Alterungspuder oder gemahlene Kreide auf die Kohle streuen. Es stumpft die glänzende Kohleoberfläche ab.

Briketts

Für die Verwendung in Haushaltsöfen wird feinkörnige Kohle zu Briketts gepresst. Es gibt verschiedene Formen, beispielsweise die barrenförmigen so genannten „Langsteine“, kürzere Formen und die Eierbriketts. Die Nachbildung gleichmäßiger Stücke für eine Wagenladung ist so zeitaufwendig, dass man sie nur sehr entspannten Zeitgenossen empfehlen kann. Es gibt aber recht hübsche Modell-Briketts im Programm von *modellbahn creativ*. Diese winzigen, schwarzen Kunststoffstücke lassen sich problemlos nach oben beschriebener Methode zu einer Wagenladung verarbeiten. Einige Hersteller von Modellladungen bieten auch zu Ladungseinsätzen gegossene Bündelbriketts an. Solche Brikettstapel kommen besser auf Rungenwagen zur Geltung, was in jüngeren Epochen auch dem Vorbild entspricht.

Für die Eierbriketts gibt es einen brauchbaren „Ersatzstoff“: Mohnsamen. Die blauschwarzen Mohnkörner werden kurz geröstet und dann auf den Ladungseinsatz geklebt.

Die Kartoffeln, die hier von Hand umgeladen werden, stammen von *Poscher* (oben). Hirsekörner sehen in H0-Wagen aus wie Zuckerrüben

Ernte mit der Bahn einbringen

Wo landwirtschaftliche Produkte in großen Mengen anfallen, wurden sie bis vor einigen Jahren auch in offenen Güterwagen abgefahren. Da wurden Kartoffeln in großen Mengen zur industriellen Weiterverarbeitung geschafft, vom Acker in die Chips-Fabrik sozusagen. Auch Äpfel gelangten als ganze Wagenladungen in die Mosterei, wo sie zu Saft gepresst wurden.

Erst vor wenigen Jahren gingen die letzten „Rübenkampagnen“ auf der Schiene über die Bühne. Die herbstlichen Fahrten zur Zuckerfabrik waren für viele offene Zweiachser die letzten Einsätze. Grund für die Modellbahnhersteller, die entsprechenden Wagen in der passenden Bedruckung und mit einer fertigen Rübenladung als Sonderauflagen anzubieten. Beim Selbstbau einer Rübenladung gehen die Meinungen über das geeignete Material auseinander. Einige schwören auf Traubenkerne, die aber in den meisten Fällen für H0-Rüben zu groß sind. Andere halten (angeröstete) Sesamkerne für passender. Auch Hirsekörner kommen für die Nachbildung der Zuckerrüben in Frage. Je nach der Erde, in der die Rüben gewachsen sind, sollte man die Körner mit etwas Dispersionsfarbe nachfärben. Es hilft auch, fein gesiebte Erde auf die Rüben zu streuen, solange der Weißleim noch feucht ist.

Bei der Verwendung von Sämereien aller Art (auch von Mohn für Eierbriketts) ist jedoch auch Vorsicht angeraten: Es sollte absolut sicher sein, dass die kleinen, grauen Nagetiere keinen Zugang zum Modellbahnzimmer finden. Sie könnten es für eine gut gefüllte Speisekammer halten.

Holz für die Zechen

Bis nach dem Zweiten Weltkrieg benutzten die Bergleute zum Abstützen der Abbaustollen Holzstämme.

Sie wurden in passender Länge abgesägt, geschält und dann in offenen Güterwagen von den Einschlagstellen zu den Bergwerken gefahren. Um mit wenig Sicherungsmitteln auszukommen, wurden die Grubenhölzer in bestimmter Weise in die Wagen gestapelt: Unmittelbar an den Außenwanden steht eine Lage Hölzer senkrecht, der so genannte „Kranz". Der Raum dazwischen wird mit quer liegenden Hölzern aufgefüllt. Vor den Seitentüren liegen die Hölzer in Wagenlängsrichtung. So sichert sich die Ladung quasi selbst und kann über die Seitenwand hinausragen. Auf gleiche Weise wurde Holz als Rohstoff für die Papierfabriken transportiert.

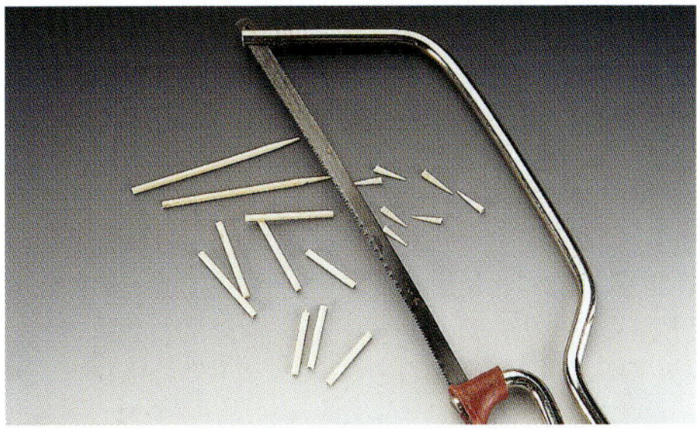

Zahnstocher oder Schaschlikspieße werden zu gleich langen Hölzchen gesägt (oben). Diese Hölzer werden senkrecht um den Hartschaumblock geklebt (Mitte). Die Anordnung der oberen Hölzer ist der Abbildung unten zu entnehmen. Deutlich ist der Unterschied zwischen frischen und gebrauchten „Stempeln" zu sehen

Dieses charakteristische Ladebild lässt sich leicht und mit einfachen Mitteln nachbilden. Als Material benötigt man dazu lediglich eine Säge, Weißleim und hölzerne Zahnstocher oder Schaschlikstäbe. Die Hölzchen werden in gleichmäßig lange Stücke von 18 und 23 Millimeter Länge gesägt. Für eine einzelne Wagenladung reicht dazu eine kleine Bügelsäge aus. Größere Mengen sägt man rationeller mit einer kleinen Tischkreissäge. Die kürzeren Abschnitte sind für den senkrechten Einbau gedacht. Sie sollten theoretisch ebenso lang sein wie die anderen, doch muss man die unmaßstäbliche Materialstärke des Wagenbodens berücksichtigen. Da es sich um frisches Holz handeln soll, können die Spießchen ohne weitere Behandlung verwendet werden.

Kurze Aststückchen werden längs auf ein Stück Furnierholz geleimt (oben). So werden kurze Stammabschnitte in O-Wagen verladen (unten)

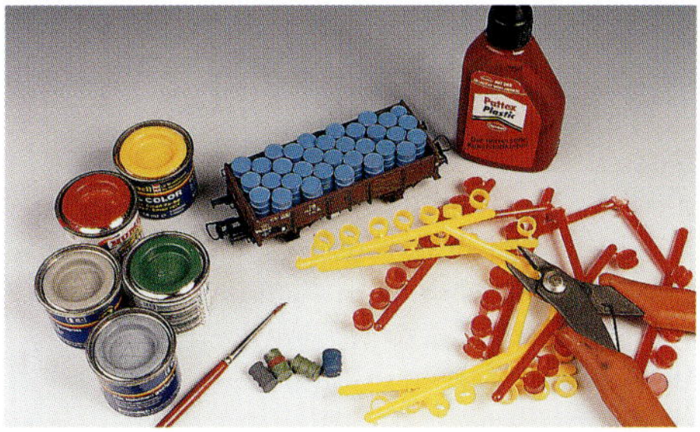

Bausatzfässer bestehen meist aus je drei bunten Teilen. Nach dem Zusammenkleben und Lackieren (oben) erhalten sie in offenen Wagen einen „Stehplatz“

Als Basis der Ladung dient wieder ein Stück Hartschaum. Dessen Länge und Breite sind um jeweils den doppelten Durchmesser der Hölzchen kürzer als der Laderaum des Modells. Die Höhe wird so bemessen, dass der Block mit einer Lage Rundhölzer oben drauf nicht höher wird als eines der kürzeren Hölzer lang ist.

Die kürzeren Holzstücke klebt man zunächst senkrecht nebeneinander an die Außenwände des Hartschaumblocks. Nach dem Trocknen des Leims wird der Raum innerhalb des Kranzes mit weiteren Hölzern in der oben beschriebenen Anordnung aufgefüllt. Dabei sollte man darauf achten, dass der Weißleim nicht zwischen den Hölzern hervorquillt.

Eine Variation dieser Beladungsart stellen gebrauchte Grubenhölzer dar. Für deren Darstellung müssen die Hölzer vor dem Zusammenkleben mit dunkler Beize behandelt werden. Obendrein erhält der fertige Ladungseinsatz starke Verschmutzungsspuren aus schwarzem Alterungspuder, Kreide oder Kohlenstaub.

Tonnenweise Fässer

Häufig wurden große Mengen Fässer stehend in offenen Wagen transportiert. Womit sie gefüllt waren, bleibt unserer Fantasie überlassen. War die gesamte Ladefläche des Wagens mit Fässern vollgestellt, war keine weitere Sicherung mehr notwendig. Die Seitenwände sicherten die Fässer gegen Verrutschen. Von einigen Modellbahnzubehör-Herstellern (z. B. *Kibri*) sind preiswerte Bausätze für Metallfässer erhältlich. Sie bestehen häufig aus je drei Teilen, die in verschiedenen Farbkombinationen zusammengeklebt werden können. Beliebt sind die Farben der bekannten Mineralölgesellschaften wie rot-gelb-rot oder blau-weiß-blau. Sehr häufig waren die Fässer einfach uni lackiert, z. B. grün, braun, grau oder blau. Mit Pinsel oder Airbrush und (gedeckten) Farben kann man sich ein buntes Sammelsurium Fässer zusammenstellen. Heute würde man von Mehrwegbehältern sprechen, denn die

Fässer tragen häufig Spuren von daneben gelaufenem Transportgut. Die lassen sich mit einigen Pinselstrichen gut an den Fässern anbringen. Ein dunkler Punkt von einem Permanent-Faserschreiber deutet das Spundloch an.

Um einen Ladungseinsatz zu bilden, klebt man die Fässer auf ein Stück Pappe oder Kunststoff, die Maße entsprechen den Innenmaßen des Wagenmodells. Darauf ritzt man zuvor Bretterfugen ein und lackiert das Stück in verwitterter Holzfarbe. Alternativ kann man auch vorgefertigte Bretterplatten aus Prägepappe oder Kunststoff verwenden.

Wohin mit dem Müll?

In den jüngeren Epochen spiegelt sich die Entsorgung verbrauchter Materialien zunehmend in den Transportgütern der Eisenbahn wieder. Auch sie werden in offenen Güterwagen abgefahren. Dazu benutzen die modernen Eisenbahnen vierachsige Hochbordwagen der Gattung Eaos. Schon lange wird Altglas in größeren Mengen dem Recycling zugeführt. Auch in den Wagen sind die Scherben nach Farben sortiert: klar, grün und braun.

Zur Nachbildung des Weißglases eignet sich Schneeglitzer, wie er beispielsweise von *Heki* und anderen für die Gestaltung von Winteranlagen angeboten wird. Das Material wird auf einen weiß gestrichenen Ladungsblock geklebt.

Das älteste Material, das wieder verwertet wird, ist Schrott. Altmetalle fallen in

Schneeglitzer aus einem Winter-Set wirkt auf einem Ladungseinsatz wie Altglas. Bis jetzt haben wir aber noch keine farbigen Glasscherben gefunden

allen denkbaren Formen an. Heute werden sie nach dem Sortieren in Eisen und Buntmetalle in großen Anlagen zu gleichmäßig kleinen Stücken „geschreddert“. Für unseren Schrottwagen haben wir auf den Ladungsblock Messingspäne geklebt. Sie fallen zum Beispiel beim Drehen und Feilen an. Wer diese Arbeiten nicht selbst ausführt, kann in einem Metall verarbeitenden Betrieb danach fragen. Dort sind die Späne Abfall, und Sie dürfen sich sicherlich ein paar leere Filmdöschen oder Gurkengläser, je nach Bedarf, abfüllen.

Ob Restteile aus Bausätzen oder Messingspäne auf dem Ladungseinsatz: Alles Schrott!

Die Messingspäne werden wie die anderen Materialien auf einen vorbereiteten Ladungsblock geklebt. Anschließend muss die Ladung mit rostroter Farbe in allen Schattierungen behandelt werden.

Montanverkehr

Für die Mengen, die in der Montanindustrie benötigt werden, reichten die zweiachsigen offenen Wagen bald nicht mehr aus. Es entstanden vierachsige Großguterwagen mit Vorrichtungen zur rationellen Entladung. Die Wagen kommen in geschlossenen Ganzzügen zum Einsatz, also in Zügen, die mit einheitlichem Ladegut von der Verladung zum Zielort fahren. Neben Kesselwagenzügen für Mineralöl- und Raffinerieprodukte sind dies vor allem Züge für Kohle und Koks sowie Erz für die Hüttenwerke an Rhein und Ruhr oder in Schlesien und später auch in Eisen-

Hier wird der Unterschied zwischen Koks (hinten) und Kohle deutlich.
Die vierachsigen Erzwagen scheinen nur halbvoll zu sein, die Sechsachser (unten) sind für höhere Lasten ausgelegt

hüttenstadt. Bekannt geworden sind die mit Dampfloks der Reihen 41 und 44 bespannten Züge aus dem Emsland, die bis zu 4000 Tonnen schwer waren. Bis zur Epoche 3 bestanden die Züge meist aus Wagen der Gattung OOt (später Fal), eventuell aufgelockert durch Privatwagen ähnlichen Typs mit entsprechendem Aufdruck. Später kamen zunehmend die sechsachsigen Wagen der Gattung Fad 150 (heute Faals 150) zum Einsatz, die mit Mittelpufferkupplung ausgerüstet sind.

Sie können daher nicht mit anderen Wagen gemischt eingesetzt werden.

In der Mehrzahl stellen die ab Werk mitgelieferten Ladeeinsätze für solche Wagen Kohleladungen dar. Diese sind für eine Erzladung viel zu hoch, daher sollte man neue fertigen. Für Erzladungen wird das vorbereitete Hartschaumteil je nach Farbe des verwendeten Erzes (es kann von fast schwarz bis leuchtend rostrot variieren) farbig behandelt. Besonders echt wirkt das rostrote Eisenerz von *Asoa*, das es in zwei verschiedenen Größen, fein und mittel, für Modellzwecke gibt. Nach dem Anstrich wird der Block mit Weißleim bestrichen, eine dünne Schicht Erz aufgetragen und gleichmäßig im Wagen verteilt. Diese Lage wird dann mit einem Leim-Wasser-Gemisch beträufelt und darauf nochmals eine dünne Schicht Erz gezogen. Der zweite Erzauftrag lässt die Struktur des Erzes besser hervortreten. Als zusätzliche Verfeinerung kann man ein Gemisch aus Leimwasser und Erz anrühren, das man später, wenn die Ladung getrocknet ist, mit einem Pinsel auf den oberen Außenbereich des Wagenkastens aufbringt. Dadurch erhält der Wagen das typische, verwitterte, braunrote Aussehen.

Weitere Bodenschätze

Einen großen Teil des Dienstgüterverkehrs, also des Verkehrs für den Eigenbedarf der Bahn, nehmen die Schottertransporte ein. Je nach Bedarf an der Gleisbaustelle werden dazu verschiedene Wagen

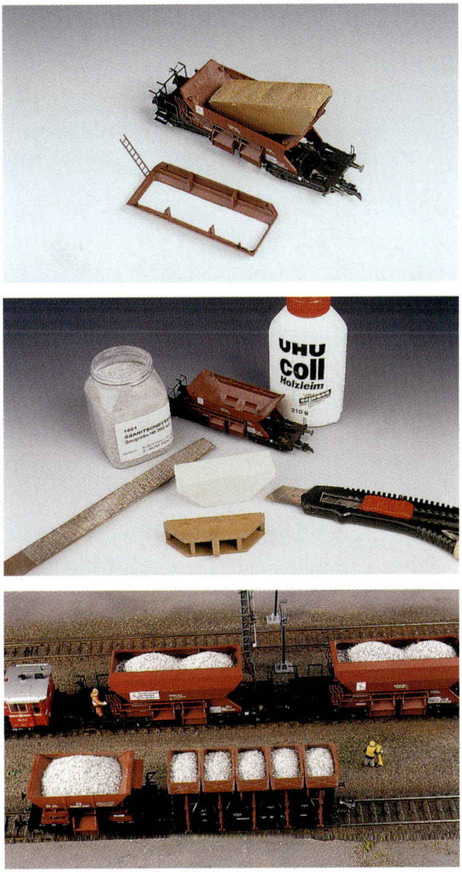

Die werksseitige Ladung des *Roco*-Schotterwagens wird gegen einen Hartschaumblock ausgetauscht (oben). Darunter eine Auswahl verschiedener Schotterwagen

verwendet. Von *Roco* gibt es ein schön detailliertes Set mit zwei Schotterwagen des Typs Dgs 266, das in verschiedenen Bedruckungen erschienen ist. Eine davon trägt die Anschriften eines privaten Gleisbauunternehmens aus aktueller Zeit. Die Wagen sind bereits mit einem fertigen Schottereinsatz versehen. Wer in seinen Wagen lieber echten Schotter transportieren möchte, sollte zwei Dinge beachten. Erstens muss zum Herausnehmen des Einsatzes der obere Kranz des Wagenaufbaus vorsichtig abgehebelt werden. Er ist mit stramm sitzenden Kunststoffstiften aufgesteckt. Beim Abziehen ist Vorsicht geboten, zuvor muss eine Aufstiegsleiter demontiert werden.

Zweitens hat *Roco* diesen Einsatz benutzt, um ein Beschwerungsgewicht im Wagen unterzubringen. Nun könnte man einfach den Modellschotter auf den Einsatz aufkleben. Dann würde jedoch die Ladung zu weit über die Seitenwände hinausragen. Es muss also ein neuer Einsatz gefertigt werden. Allerdings sollte darunter auch ein neues Gewicht, z. B. aus Dachdeckerblei, eingeklebt werden. Von Vorteil ist, dass man sich in den Maßen und beim Gewicht am fertigen *Roco*-Einsatz orientieren kann. Nach dem festen Einbau der Ladung wird der Wagen in umgekehrter Reihenfolge wieder zusammengesetzt.

Zu kleineren Baustellen wurde Schotter auch in den Muldenkippwagen der Gattung Ommi 51 (heute Fz-120) gefahren. Diese Wagen können auch als Einzelwagen in einem Bauzug vorkommen. Zur Beladung wird der vorhandene Ladungseinsatz mit einem Messer herausgehebelt und durch ein Hartschaumstück ersetzt.

Torfballen, wie in den „Sechzigern"

In der Anfangszeit ihres Einsatzes dienten die Muldenkippwagen vorwiegend zum Transport kleinerer Mengen Hausbrandkohle und Briketts. Die Modelle sind also geradezu ein Muss für jede Modellbahn mit einer der beliebten Kohlenhandlungen. Dabei entspricht es durchaus dem Vorbild, wenn jede der fünf Tonnen fassenden Mulden eine andere Kohlensorte enthält.

Vom Moor zum Garten

Ein weiterer natürlicher Brennstoff ist Torf. Er wird auch als Dünger im Gartenbau benutzt. Dazu wird der faserige Stoff zu Ballen gepresst. In früheren Epochen waren diese Ballen zwischen Holzlatten mit Draht zusammengebunden.

Im Gegensatz zum Vorbild besteht die abgebildete Torfladung nicht aus einzelnen Ballen, sondern aus einem Stück Holz. In diesen Klotz werden nun waagerechte und senkrechte Fugen geritzt, um die einzelnen Ballen anzudeuten. Dann wird das

Für Muldenkipper typisch: Kohle und Schotter

Sandtransport in den neunziger Jahren

Holz dunkelbraun angestrichen und der Torf aufgebracht. Als Aufstreumaterial dient getrocknetes Herbstlaub, das in einer alten Kaffeemühle gemahlen wurde. Zum Schluss werden noch die Holzleisten aufgeklebt. Sie sind aus einem Stück hellen Furnierholz geschnitten. Auf den Bindedraht, der die Ballen zusammenhält, haben wir bei diesem Modell verzichtet, da er wegen seiner Stärke und Farbe ohnehin kaum sichtbar ist.

Für viele Zwecke: Sand

Ob für die Herstellung von Beton, als Formsand für Gießereien, als Grundstoff für die Glas- und Keramikindustrie oder für chemische Zwecke: Es wird mehr Sand gebraucht als mancher denkt. Besonders auf dem Gebiet der Deutschen Reichsbahn (der DDR) waren Sandtransporte an der Tagesordnung. Als die Dampflokomotiven der DR ihre letzten Einsätze hatten, fuhren sie häufig Sandzüge. Dafür kamen bevorzugt Niederbordwagen oder Rungenwagen ohne Rungen zum Zuge. Das hohe Gewicht des Sandes erlaubte kein großes Ladevolumen, so dass die niedrigen Seitenwände ausreichten. Für die Nachbildung im Modell – im Beispiel kommen sechsachsige Wagen von *Brawa* zum Einsatz – müssen flache Schüttkegel (aus Hartschaum) geschnitzt werden, da sich der verwendete Vogelsand sonst schlecht aufgehäuft fixieren lässt. Auch diese Ladung wirkt im geschlossenen Verband besser als auf einzelnen Wagen.

In der Logistik für die Großbaustelle am Potsdamer Platz in Berlin kam eine Neuentwicklung zum Großeinsatz: Die Hubkippwagen der Gattung Fas 126, die *Gützold* und *Märklin* ins Modell umgesetzt haben. Beide Hersteller haben die Hub- und Kippfunktion der Lademulde funktionsfähig nachgebildet. Deshalb verlocken die Wagen dazu, Ladegut lose einzufüllen. Allerdings haben wir noch keine Anlage gesehen, auf der die Funktion eingesetzt wird. Wir haben daher auch für diese Wagen klassische Ladeguteinsätze aus Sand gefertigt.

Zwei
Niederbord- und Rungenwagen

Schon in den Anfangsjahren der Eisenbahn war Holz eine der wichtigsten Frachten. Gerade in waldreichen Gegenden standen viele Rungenwagen auf den Gleisen, mit denen die geschlagenen Stämme zur Verarbeitung in die Sägewerke gebracht wurden. Auch das Schnittholz sowie Abfallprodukte wie Schwartenholz traten den Weg zur Weiterverarbeitung meist auf Rungenwagen an. Mit der Zeit wurden weitere Güter auf Rungenwagen transportiert; vor allem für große und sperrige Gegenstände erwiesen sich diese Wagen als richtiges Transportmittel: große Kisten, Maschinen, vorgefertigte Bauteile, Fahrzeuge und vieles mehr. Mit dem Versand ganzer Möbelwagen war die Grundidee für die später entwickelte „Rollende Landstraße" geboren.

Nicht in allen Fällen wurden die abnehmbaren Rungen auch aufgesteckt. Nach dem Zweiten Weltkrieg führten die Wagen zunehmend keine Rungen mehr mit. Diese Wagen erhielten sogar die eigene Gattungsbezeichnung Ro. Sie ähnelten damit mehr den Niederbordwagen. Für besonders schwere Lasten standen Flachwagen ohne Seitenwände zur Verfügung.

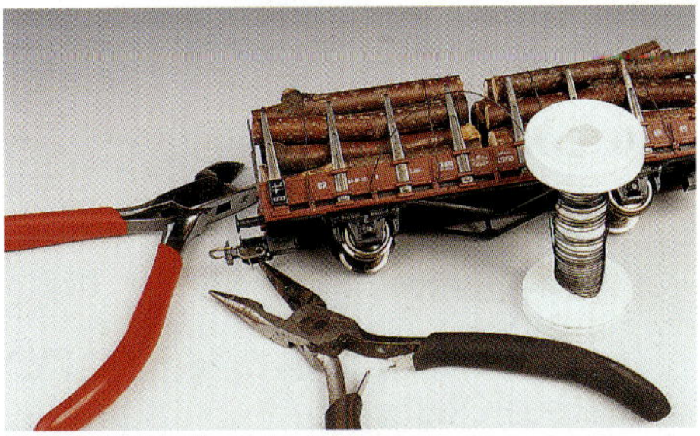

Die Stammholzladung wird zunächst verleimt (oben), dann mit feinem Kupferdraht gesichert und auf die Reise geschickt

Stammholz

Material für Stammholzladungen im Modell liefern Spaziergänge in der Natur. Bei aufmerksamer Beobachtung finden sich viele herab gefallene Zweige, die auf einer Länge von rund dreizehn Zentimeter gerade gewachsen sein sollten. Ein Maß für die Dicke der Zweige muss man nicht sklavisch genau beachten, für H0 etwa wirken sie mit rund sechs bis zehn Millimetern Durchmesser stimmig.

Die Hölzer müssen auf jeden Fall ganz durchgetrocknet sein. Dann werden sie mit einer Bügelsäge auf gleiche Länge abgesägt. Eventuell vorhandene Seitenästchen werden mit entfernt. Die Länge ist variabel und von der Ladefläche des Wagens abhängig, man sollte aber an den Enden mindestens fünf Millimeter der Ladefläche frei lassen, da die Ladung nicht überstehen darf. Je nach Stärke der Äste und Größe des Waggons werden sechs bis zehn Hölzer benötigt.

Die so vorbereiteten Stämme können nun mit Weißleim zu einer vollständigen Ladung aneinandergeklebt werden. Dabei dürfen die oberen Stämme die Höhe der Rungen nicht überragen. Schließlich sind die Hölzer noch mit Draht festzuzurren. Dazu eignet sich Ankerwickeldraht oder feiner Kupferdraht von 0,2 bis 0,3 Millimetern Durchmesser (gibt es in Bastel- und Dekoläden). Feiner wird die Ladung, wenn der Wagen an den Rungenspitzen echte Ösen trägt und man die Stämme mit echten Ketten sichert. Dazu werden zunächst Modell-Ketten von *Weinert* auf eine Länge von 26 Millimeter abgelängt. Durch die äußersten Kettenglieder wird ein 0,3 Millimeter starker Messingdraht gezogen und mit einer Rundzange zu einer Öse gebogen, die aber noch nicht geschlossen werden darf. Nun werden sie durch die Ösen an den oberen Enden der Rungen gesteckt. Erst dann wird die Öse als letztes Glied der Kette mit einer Flachzange geschlossen. Danach wird der überstehende Messingdraht mit einem Seitenschneider eingekürzt. Als letztes werden die Stämme vorsichtig längs unter die Kette geschoben, bis die Ketten zu spannen anfangen.

Baustahlmatten

Matten aus Stahlgeflecht für Betonbau werden in größerer Anzahl liegend versandt. Im Modell können sie recht gut durch kleine Stücke Fliegengitter mit einer Maschenweite von ein bis zwei Millimetern dargestellt werden. Dazu kommt sowohl die Ausführung aus Kunststoff in

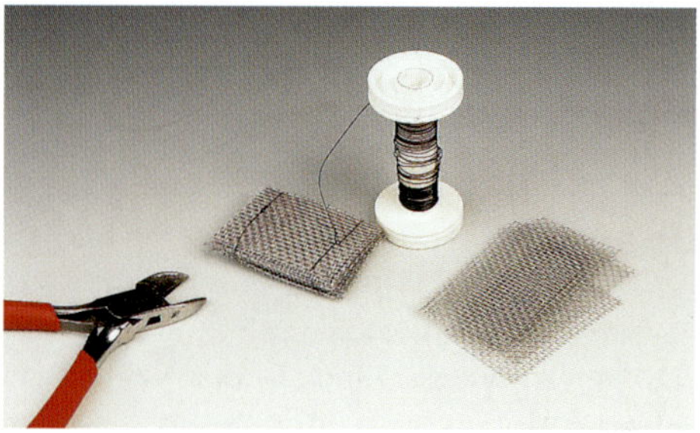

Fliegengitter (oben) wird in Stücke geschnitten, lackiert und gebunden

Der Wagenmeister kontrolliert die Sicherung des Stahlgeflechts

Frage als auch Drahtgitter. Daraus werden Stücke von etwa zwei mal fünf Zentimeter Größe geschnitten und mit rostbrauner Farbe lackiert. Hierbei ist eine Airbrush deutlich im Vorteil gegenüber einem Pinsel. Wenn Sie einmal dabei sind, verarbeiten Sie gleich ein größeres Stück Fliegengitter, es macht unwesentlich mehr Arbeit.

Nach dem Trocknen werden die Matten zu etwa 20 Stück gestapelt und dann mit dünnem Draht quer zusammengebunden. Unter ein solches Bündel werden quer zwei Auflagebohlen geklebt. Das können zum Beispiel dunkel gebeizte Streichhölzer sein, die auf eine Länge von 2,8 Zentimeter gekürzt sind. Ein Rungenwagen fasst je nach Länge mehrere solcher Stapel. Sie passen aber auch auf die Ladefläche eines Lkw.

Schwellen

Als Ladung wirken die Kunststoffschwellen der industriell gefertigten Gleise nicht so gut wie Schwellen aus echtem Holz. Sie entstehen aus feinen Holzleistchen von drei mal zwei Millimeter Querschnitt. Davon schneidet man 20 Millimeter lange Abschnitte. Für eine gleichmäßige Länge bewährt sich der Einsatz einer kleinen Tischkreissäge mit Anschlag. Auch hier ist

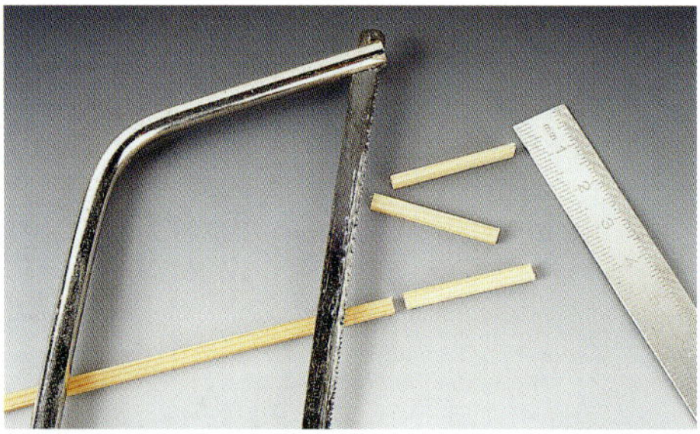

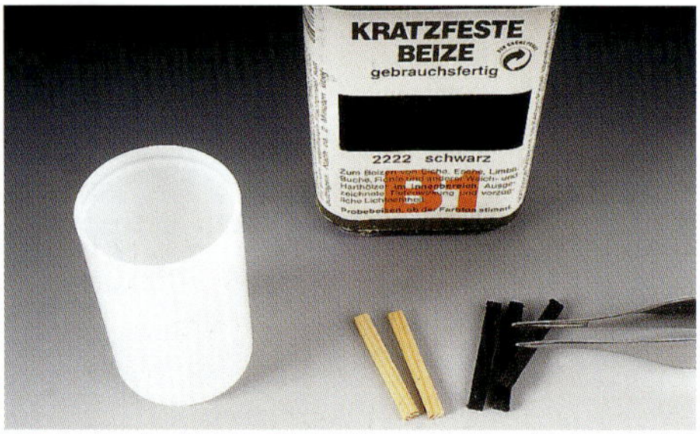

Eine Holzleiste wird zu 20 mm langen Schwellen gesägt und mit Beize behandelt

Dann klebt man die Schwellen zu Stapeln. Ein Wagen fasst 90 Schwellen!

es ratsam, gleich eine größere Anzahl Schwellen anzufertigen, da Schwellen bei der Eisenbahn immer gebraucht werden. Für *eine* Wagenladung werden bereits 90 Schwellen benötigt. Die Hölzer müssen noch mit schwarzer Holzbeize behandelt werden, bis sie den typischen Farbton von mit Carbolineum getränktem Holz besitzen. Die fertigen Schwellen werden zum Trocknen an die Seite gelegt.

Von 0,3 Millimeter starkem Kupferdraht schneidet man ein 50 Zentimeter langes Stück ab und rollt es locker zusammen. Anschließend wird der Draht in ein Gefäß mit Kupferbeize gelegt. Nach etwa drei bis fünf Minuten kann er herausgenommen und mit Wasser abgespült werden. Dadurch erhält er die schwarze Färbung.

Die Schwellen werden in Stapeln geladen. Jeder Stapel besteht aus neun Schwellen, wobei je drei Stück eine Lage bilden. Diese werden mit Weißleim zu einem Stapel zusammengeklebt. Nach dem Trocknen des Leims wird jeweils ein Drahtstück um die Enden der Stapel gewickelt und mit einer Zange zusammengedreht. Die nun fertigen Schwellenstapel werden auf den Wagen gesetzt oder auf eine nachgebildete Ladefläche aus Kunststoff oder Prägepappe geklebt. Auf dieser zweiten

Ladefläche bleiben die Schwellenstapel in der richtigen Lage und können gemeinsam aus dem Wagen genommen werden.

Verhüllte Fahrzeuge

Beim Zubehörhersteller *Langley* aus England gibt es Rohlinge für eine ausgefallene

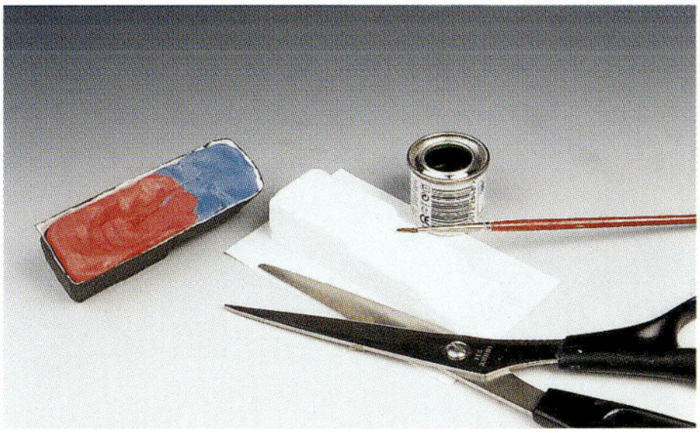

Ladung. Es sind tiefgezogene Polystyrolfolien, die die Form von verschiedenen Kistenstapeln und verhüllten Fahrzeugen besitzen. Aus der weißen Folie werden die einzelnen Formen sauber herausgeschnitten. Dann folgt die Farbgebung. Wir haben die Plane in dunkelgrauen Tönen lackiert, wie die meisten Planen in der Epoche 3 aussahen. In jüngeren Epochen finden sich Planen aber auch in leuchtenderen Farben, beispielsweise Blau.

Diese Ladungsattrappen besitzen kein eigenes Gewicht und können so leicht verrutschen oder vom Wagen fallen. Dem kann man mit einer Füllung aus Knetgummi abhelfen. Die Masse wird so in die

Die tiefgezogene Form wird außen bemalt und innen mit Knetgummi ausgefüllt. So bleibt die Ladung sicher auf dem Wagen

Zum Ablängen der Träger dient eine kleine Kreissäge, für die Lackierung eine Spritzpistole

Die Stahlträger werden nur untereinander, nicht an den Wagen gebunden

Form gedrückt, dass sie darin haftet, aber nicht die Wände auseinanderdrückt. Diese Ladungen bleiben auf Grund ihres Gewichtes auf den Wagen liegen und müssen nicht befestigt werden.

Stahlträger

Ähnlich wie Holzstämme werden auch Stahlträger gebündelt verladen. Das Rohmaterial hierfür besteht jedoch aus einem Kunststoff. Neben anderen hat z. B. *Piko* unter dem Namen *Plastruct* verschiedene Polystyrolprofile im Programm. Von den verschiedenen Formen kommen die in Betracht, die einen L-, T-, U- und H-förmigen Querschnitt aufweisen. Davon werden gleich lange Stücke abgesägt. Die Länge muss nicht die Wagenlänge ausfüllen, es kommt auch vor, dass zwei kürzere Bündel in der Länge versetzt auf dem Wagen liegen. Wichtig ist, dass das Ladegewicht gleichmäßig auf die Achsen verteilt ist. Beim folgenden Arbeitsschritt besteht die Kunst darin, mit den vorhandenen Farbtönen die Rostfarbe der Träger zu treffen. Das gelingt am besten mit einer Airbrush.

Schließlich werden die Träger mit dünnem Draht zusammengebunden und auf

Unterlegehölzer geklebt. Diese Ladungseinheit wird so angeordnet, dass die freien Bereiche seitlich und an den Enden der Ladefläche gleich groß sind.

Schiffsdiesel

Ebenso eindrucksvoll wie die häufig zu sehenden Transformatoren wirkt ein Schiffsdiesel als Wagenladung. Solch ein Modell gibt es als Bausatz beim US-amerikanischen Versandhandel *Walther's*. Hierzulande sollte man sich bei Modellbahnhändlern umsehen, die auf amerikanische Modelle spezialisiert sind, oder auf Modellbahnbörsen die Augen aufhalten.

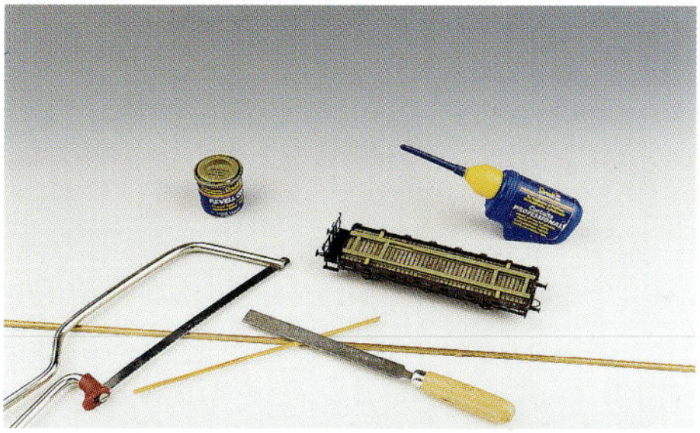

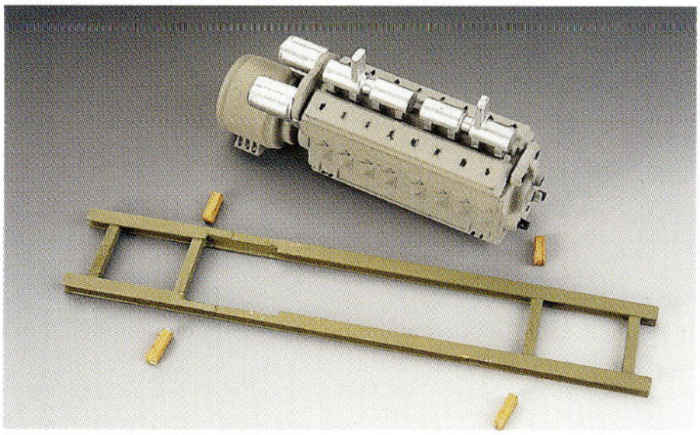

Das Motorenmodell selbst wird nach der Anleitung zusammengesetzt und lackiert. Vom grauen Motorengehäuse kann man die Zylinderkopfdeckel silbern abheben. Für den Transport ist ein Traggestell notwendig. Das entsteht aus Messingprofilen und kleinen Holzleisten von einem bis zwei Millimetern Stärke. Zwei Doppel-T-Träger aus Messing, die über die gesamte Wagenlänge reichen, werden mit vier kurzen Hölzern quer verbunden. Dabei sollten diese Querträger so angeordnet sein, dass sie unter den tragenden Elementen des Motors zu liegen kommen. Schließlich werden Gestell und Motor miteinander verklebt und auf einen Rungenwagen ohne Rungen verladen.

Als Material für das Traggestell dienen Messingprofile und Holzleistchen. Darauf wird der fertig montierte Motor gelagert und ab geht's in Richtung Küste

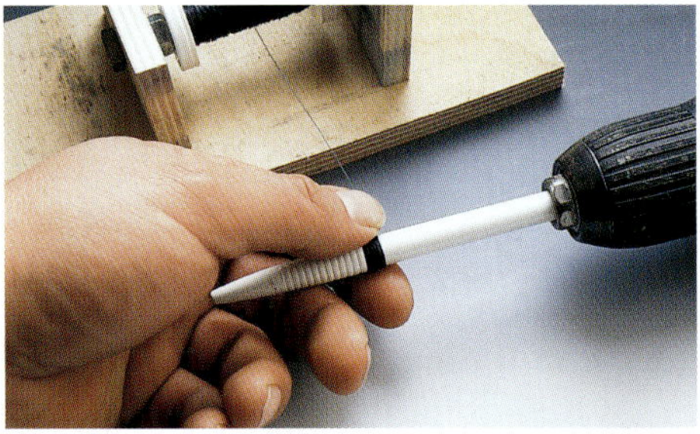

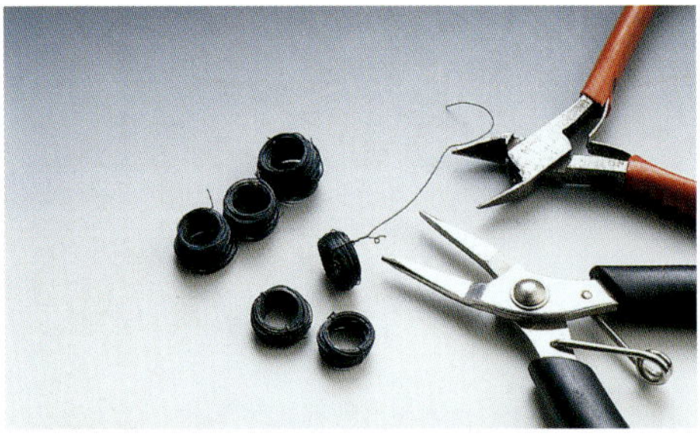

Walzdrahtringe

Die Metall verarbeitende Industrie erhält als Rohmaterial so genannte Walzdrahtringe. Solche Ringe gibt es von verschiedenen Ladegutherstellern zu kaufen. Da auf einen Niederbordwagen je nach Länge bis zu 68 solcher Ringe passen, zieht mancher Modellbahner die Eigenfertigung in Betracht. Mit erträglichem Aufwand lassen sich die Ringe aus Blumenbindedraht von 0,3 Millimetern Stärke selbst herstellen. Zunächst wird der Blumenbindedraht auf das Ende eines Rundprofiles gewickelt. Das kann ein Bleistift oder ein Rundholz sein. Die Wicklung sollte nicht zu stramm, aber so gleichmäßig wie möglich sitzen. Nach etwa vier Lagen nebeneinander schneidet man den Draht ab, nimmt die

Für die rationelle Fertigung einer ganzen Ladung Drahtringe lohnt der Bau von Hilfsmitteln (oben). Jeder Ring wird einzeln gebunden (Mitte). Immerhin fasst der Wagen 68 Ringe!

Wicklung vom Führungsholz und bindet das Drahtende am Ring fest. Für eine größere Anzahl lohnt sich auch die Anfertigung von Hilfsmitteln. Man könnte einen geregelten Akkuschrauber und eine Abrollvorrichtung verwenden, um den Draht schnell und effektiv aufzuwickeln.

Der Blumenbindedraht ist von Hause aus schwarz und braucht deshalb nicht weiter behandelt zu werden. Die fertigen Ringe werden dann regelmäßig auf dem Wagen angeordnet. Durch ihr Eigengewicht liegen sie recht sicher auf. Wer mag, kann die Ringe auch noch untereinander verkleben.

Holzkisten

Große Maschinenteile werden oft ohne Verpackung verladen. Der Fantasie sind hier keine Grenzen gesetzt, und die Zubehörhersteller stellen immer wieder neue Ladungsteile vor. Für empfindliche Maschinen aber werden Holzkisten maßgezimmert. Im Modell enstehen sie aus einfachen Holzleisten in verschiedenen Maßen. So kann man von einer Leiste mit 1 x 2 Zentimetern Querschnitt verschiede ne Abschnitte absägen. Abwechslung bringen Kisten mit trapezförmiger Seitenansicht. Nach dem Abfeilen der Kanten zeichnet man mit einem weichen Bleistift gleichmäßige Bretterfugen auf die Seitenwände – und fertig ist eine Kiste. Da die Originalkisten aus frischem Holz entstehen, ist auch keine weitere farbliche Behandlung nötig.

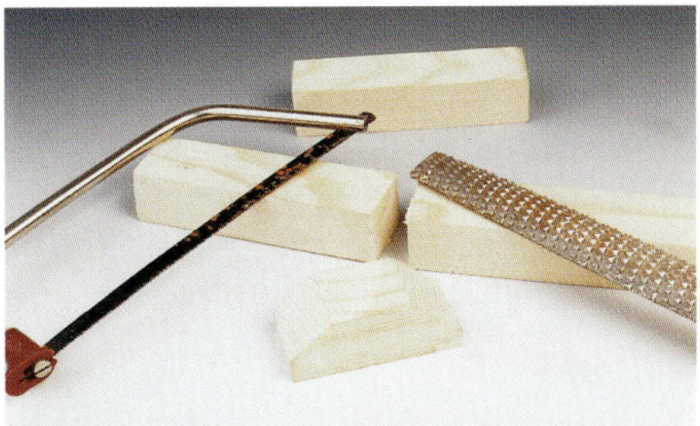

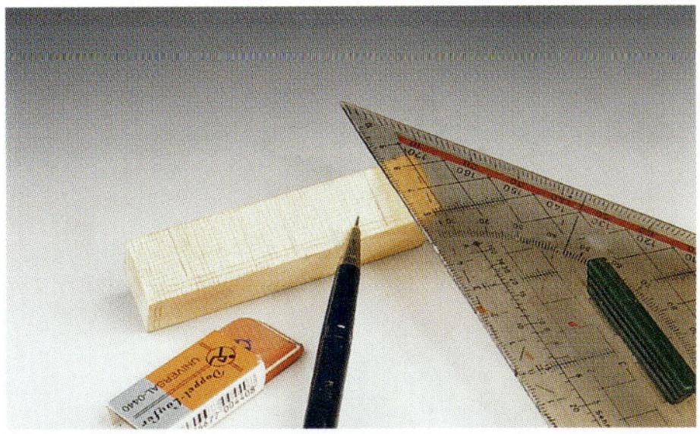

Leiste, Säge und Feile reichen für den Rohbau von Kisten (oben). Mit einem Bleistift deutet man Bretterfugen an (Mitte). Am Ende müssen nicht alle Kisten gleich aussehen

Brammen

Ein weiteres wichtiges Massengut, das von der Bahn transportiert wird, ist Stahl. Doch mit dem Stahl, wie er aus den Schmelzöfen kommt, kann die weiterverarbeitende Industrie noch nichts anfangen. Deshalb wird er zu langen Barren, so genannten Brammen, gegossen und so zu den Walzwerken gefahren, die sie zu Blechen und Profilen verarbeiten. In dieser Form geht der Stahl wiederum auf Reisen mit der Eisenbahn.

Die Brammen werden endlos gegossen und auf verschiedene Längen abgelängt, maximal 14 Meter. Der Transport erfolgt auf vier- oder sechsachsigen Flachwagen, die auch für andere Schwerstgüter bis hin zu Panzern eingesetzt werden.

Die Modellbrammen entstehen aus unterschiedlich starken Polystyrolleisten von *Plastruct*. Es können unterschiedliche Stärken von 4,5 x 3,5 bis 6 x 3,5 Millimeter verwendet werden. Von den Leisten werden gleich lange Stücke von etwa 155 Millimeter Länge abgeschnitten. Danach werden die Enden mit einer Feile entsprechend dem Vorbild leicht angeschrägt.

Die eigentliche Kunst besteht nun darin, dem weißen Kunststoff die typische Farbe der Brammen zu geben. Das geschieht in mehreren Schritten, am besten mit einer Airbrush.

Als Grundfarbe dient Stahlgrau Matt von *Revell*. Danach werden die Brammen mit matter schwarzer Farbe leicht angesprüht und zum Schluss mit einem Rostfarbengemisch nochmals leicht angenebelt. Nach dem Trocknen können die Brammen auf die Wagen verladen werden. Beim Platzieren der getrockneten Brammen auf den Wagen ist zu beachten, dass

Auf das Ablängen der Kunststoffprofile (oben) und Abrunden der Enden (Mitte) folgt die Farbgebung in mehreren Gängen

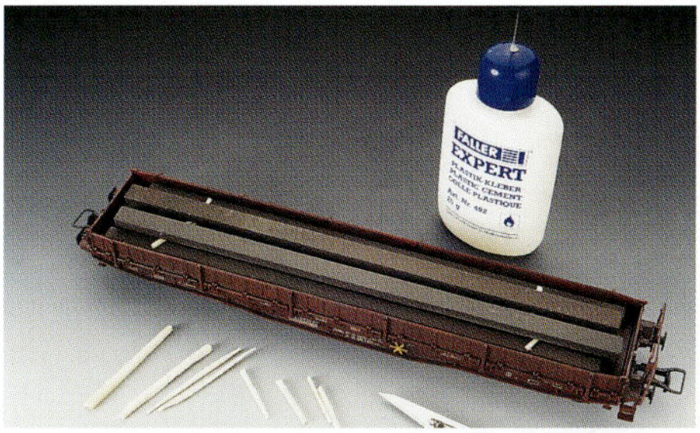

Zwischen die Brammen werden Kanthölzer gelegt. Eine weitere Sicherung entfällt

jedes Exemplar ein Vorbildgewicht von sechs bis zwölf Tonnen besitzt. Dementsprechend dürfen je nach Stärke der Brammen nur sechs bis acht Stück geladen werden. Eine solche Ladung liegt lose, also ohne Bindung auf dem Wagen auf. Zwischen übereinander liegenden Brammen werden Holzleisten geklebt, die aus längs halbierten Streichhölzern entstehen. Beim Vorbild gibt es Brammen in verschiedenen Größen und Formen, doch sollte man der Versuchung widerstehen, die Vielfalt nachzubilden. In der Regel wird nur eine Sorte gleichzeitig produziert und somit auch nur eine Größe transportiert.

Rohre

Zur Zeit des Baus der großen Pipelines in der Epoche 3 (ca. 1945 bis 1968) fuhren ganze Züge, ausschließlich mit Rohren beladen, durch die Lande. Für die Darstellung von Rohrladungen nehmen viele Modellbahner einfache Trinkhalme. Die sind jedoch relativ instabil und von der Materialstärke her zu dünn. Besser geeignet sind Polystyrolrohre aus den gleichen Programmen, aus denen auch die Profile für Brammen und Stahlträger stammen. Der Durchmesser der Rohre ist nebensächlich, es sollten aber nur gleiche Rohrgrößen zu einer Ladung vereint werden. Abhängig von der Wagenlänge werden gleich lange Stücke von den Profilen abgesägt.

Prinzipiell gibt es zwei Möglichkeiten, die Rohre zu stapeln. Wird die jeweils nächste Lage in die Lücken der darunter liegenden Lage gelegt, bleiben die Rohre auch ohne Bindung liegen. Der Nachteil ist, dass je Lage ein Rohr weniger geladen werden kann. Die andere Möglichkeit ist, die Rohre so zu lagern, dass sie jeweils genau übereinander liegen. Dazu müssen aber Kanthölzer quer zwischen die Rohre gelegt werden. Zusätzlich sind die Rohre durch eine Bindung zu sichern.

Bei der Modellladung werden die Rohre zuerst mit Polystyrolkleber zusammengeklebt und anschließend in der gewünschten Farbe (in der Regel Schwarz) lackiert. Diese Reihenfolge spart zum einen Lack und zum anderen kann der Kleber durch die Lackschicht hindurch nicht wirken. Zum Binden dient 0,3 Millimeter starker

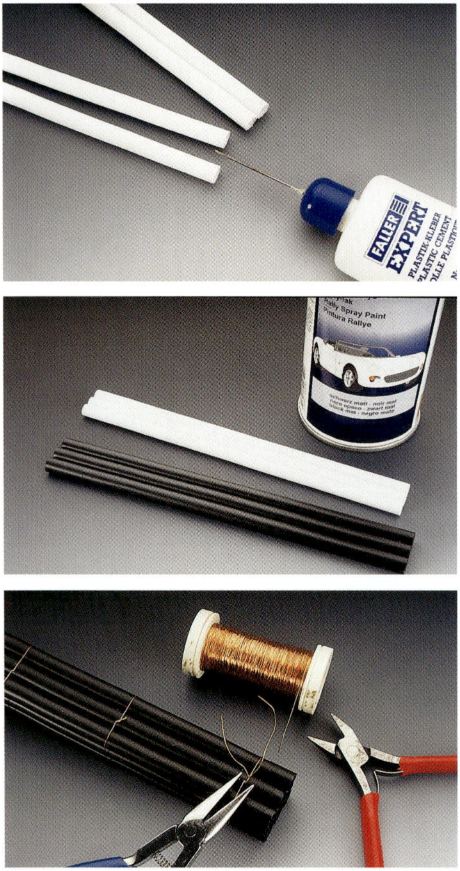

Gleich lange Rohre werden zusammengeklebt (oben) und lackiert. Die Bindung (unten) dient nur dem Aussehen

! Draht immer auf der Unterseite zusammenrödeln, dort sieht man den Knoten nicht

Bindedraht aus dem Deko-Handel. Die Drahtenden werden quer um das Rohrpaket gewickelt und auf der Unterseite zusammengedrillt.

In jüngeren Epochen werden zum Binden fast ausschließlich Kunststoffbänder verwendet. Man klebt jeweils eine Lage

Auf diesem Bahnhof sorgt ein nahe gelegener Stahlhandel für das Frachtaufkommen

Rohre nebeneinander und lackiert sie. Dann werden die Lagen mit Abstandshölzern aus längs halbierten Streichhölzern aneinandergeklebt. Die zum Binden verwendeten Kunststoffbänder lassen sich

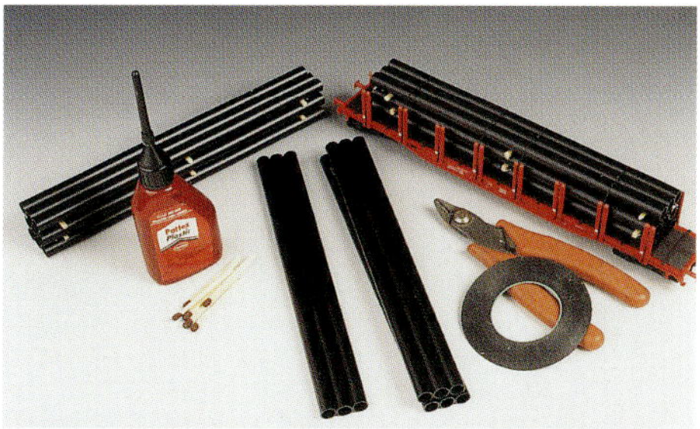

Moderne Ladungssicherung mit Kunststoffbändern in den Epochen 4 und 5

Auch Stammholz wird heute mit Bändern zusammengebunden und auf dem Wagen gehalten

durch ein Abdeckband darstellen, das *Weinert* als Maskierungsband für schmale Zierlinien anbietet. In einer ruhigen Minute wird es um die verklebten und lackierten Rohre gelegt und an der Unterseite verklebt.

Auf die gleiche Weise wird heute auch Stammholz gebunden. Dann kommen natürlich auch moderne Wagen zum Einsatz wie beispielsweise die der Gattung Snps, die von *Fleischmann*, *Märklin* und *Trix* angeboten werden.

Planierraupen

Sind Sie bereit, für eine außergewöhnliche Ladung auch einen höheren Aufwand zu betreiben?

Die Mühen werden mit einem Wagen belohnt, der in jedem Güterzug einen Blickfang bildet. Wir haben für einen Flachwagen der Bauart Samms 710 zwei Planierraupen ausgewählt, die aus Bausätzen von *Mo-Miniatur* entstehen.

Die Bauteile aus Weißmetall werden zunächst entgratet und überarbeitet. Dabei werden die nur angedeuteten Löcher des hinteren Laufrades auf 1,3 Millimeter auf-

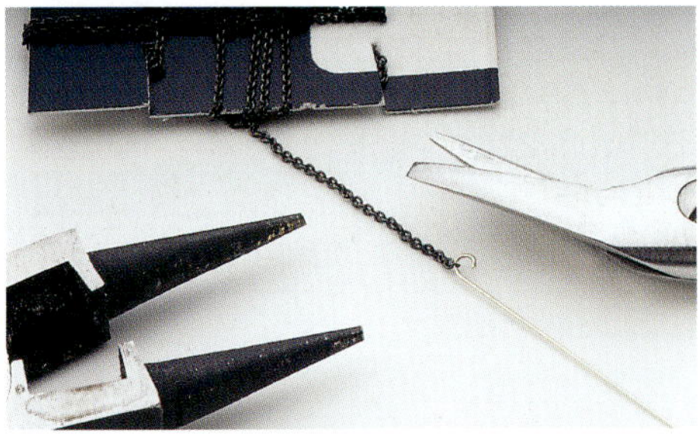

An Stelle der angedeuteten Ösen im Wagenboden werden Löcher gebohrt, in die dreidimensionale Ösen eingesteckt werden (oben). Das Einlegen der feingliedrigen Ketten erleichtert ein kleiner Hilfshaken (unten). Dann werden die Ketten an den Haken im Wagenboden gespannt (ganz unten)

Ein Hingucker auf jeder Anlage: Mit echten Ketten gesicherte Baufahrzeuge

gebohrt. Weiter werden die ebenfalls angedeuteten Löcher der Laufkette mit einem 0,8 Millimeter weiten Bohrer durchbohrt. Es dürfen jedoch einige Löcher nur auf eine Tiefe von 0,5 Millimeter angedeutet werden, damit dahinter liegende wichtige Details nicht beschädigt werden können. Außerdem sind noch die Laufkettenglieder mit einer Feile nachzuarbeiten.

Zusätzlich wird an der Rückfront eine Rangierkupplung von *Weinert* aus Messing angebracht. Dafür wird mittig in etwa fünf Millimeter Höhe ein 0,8 Millimeter großes Loch gebohrt und die Kupplung zur Probe eingesteckt. Nach der Bauanleitung der Kupplung werden noch ein Bolzen aus 0,5 Millimeter Messingdraht sowie zwei Schalthebel für die Raupe aus

0,8 Millimeter Messingdraht mit einer Rundzange gebogen.

Die vorgefertigten Messingteile werden in einem Spezialbad zum Färben von Messing brüniert. Der Vorgang bewirkt eine schwarze Färbung der Teile. Dazu werden die vorher mit Testbenzin entfetteten Teile für ca. drei bis fünf Minuten in die Beize

! Gut gelungene Ladungen am vorderen Anlagenrand abstellen, dort sind sie besser zu sehen.

getaucht und dann zum Abspülen in ein Gefäß mit Wasser gelegt. Dadurch wird die Wirkung der Messingbeize unterbrochen. Danach lässt man die Teile trocknen.

In der Zwischenzeit kann man die Weißmetall-Teile der Raupe grundieren und farbig lackieren. Hier darf es ruhig ein leuchtender Farbton sein, das hebt die Ladung noch mehr hervor. Schließlich werden alle Messing- und Weißmetallteile zusammengebaut.

Am Wagen werden die beiliegenden Zurüstteile montiert und mit Sekundenkleber fixiert. Zusätzlich werden auf der Ladefläche dort, wo die Halteösen angedeutet sind, acht Löcher (je vier außen und innen) von 0,6 Millimeter Durchmesser gebohrt.

In diese Löcher werden neue Ösen gesteckt, die aus dem Zurüstsatz „Zurrhaken mit Ösen“ von *Weinert* stammen. Bevor sie mit Sekundenkleber eingeklebt werden, müssen die Ösen und Zurrhaken wie die anderen Messingteile gesäubert, entfettet und anschließend in der Messingbeize geschwärzt werden.

An diesen Ösen werden die Raupen mit Modellketten von *Weinert* festgezurrt. Dazu werden zunächst aus 0,3 Millimeter starkem Messingdraht mit einer Rundzange weitere Ösen gebogen. Sie müssen so groß sein, dass die Zurrhaken hineinpassen, dürfen aber noch nicht geschlossen werden. Nun wird die noch offene Öse durch das erste Kettenglied gezogen und zu einem Ring gebogen. Dann wird der überstehende Draht abgeschnitten.

Nach dem Einkürzen der Kette wird dieser Schritt am anderen Ende wiederholt. Die Kettenlänge beträgt für die hintere Befestigung ca. 42 Millimeter und für die vordere ca. 44 Millimeter. Dabei gilt es zu beachten, dass sich am Ende immer unbeschädigte Kettenglieder befinden. Für die vordere Kette sollte eine der Ösen etwas größer gefertigt werden, das erleichtert die spätere Montage der Maschine.

Als zusätzlichen Halt für die Raupen sind aus einer 3 auf 3 Millimeter starken Holzleiste Vorlegekeile zu fertigen. Diese werden auf eine Länge von zehn Millimetern abgeschnitten und durch einen schrägen Schnitt mit einem scharfen Messer oder einem Skalpell in der Mitte zu Dreiecken geteilt. Diese Keile werden vorn und hinten an die Laufketten der Raupe geklebt. Nun können die Zurrhaken mit den Ketten an der Raupe und auf dem Wagen befestigt werden.

Zur Endmontage legt man die hintere Kette durch die Rangierkupplung und sichert sie mit dem vorher gefertigten Bolzen. Mit einer Pinzette wird dann die Öse der Kette mit dem Zurrhaken eingelegt und mit der Öse am Wagen verbunden. Dann wird die Kette vorsichtig auf Spannung gebracht und die Raupe an der richtigen Stelle platziert und über die Holzkeile mit dem Wagenboden verklebt.

Für den Einbau der vorderen Zurrkette ist der Bau eines Ziehhakens aus dünnem Messingdraht ratsam. Als erstes wird die Seite mit der kleineren Kettenöse mit dem Zurrhaken in die Öse am Wagen gesteckt, dann mit dem Ziehhaken hinter der Schaufel durchgezogen und schließlich auf der anderen Seite ebenso befestigt. Nun kann man die größere Öse mit einer schmalen Spitzzange noch vorsichtig zusammendrücken, damit sich die Kette spannt.

Mit dieser Wagenladung ist Ihnen die Bewunderung aller Modellbahnkollegen sicher. Und dem Wagen ein fester Platz im Zugbildungsplan.

Coils

Die Automobilindustrie benötigt große Mengen Stahlblech, das sie auf großen Rollen, so genannten Coils, geliefert bekommt. Diese Coils bleiben heute fast ausschließlich unter den beweglichen Hauben der Haubendachwagen verborgen. In den ersten Jahren lagen die Coils noch auf offenen Flachwagen der Gattungen Rmms. Dazu wurden spezielle Gestelle mit Mulden für die Rollen gebaut. So ausgestattete

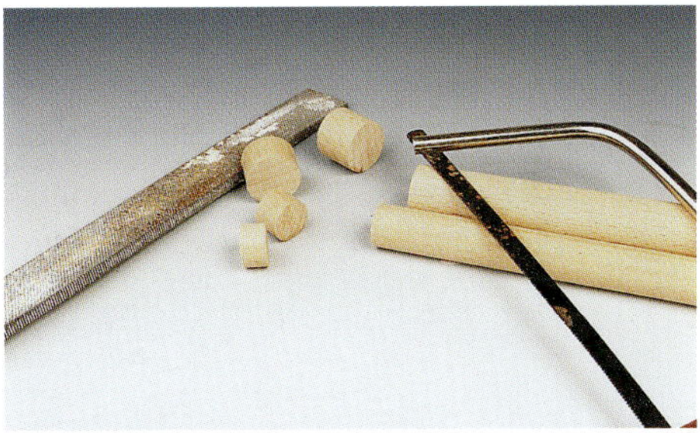

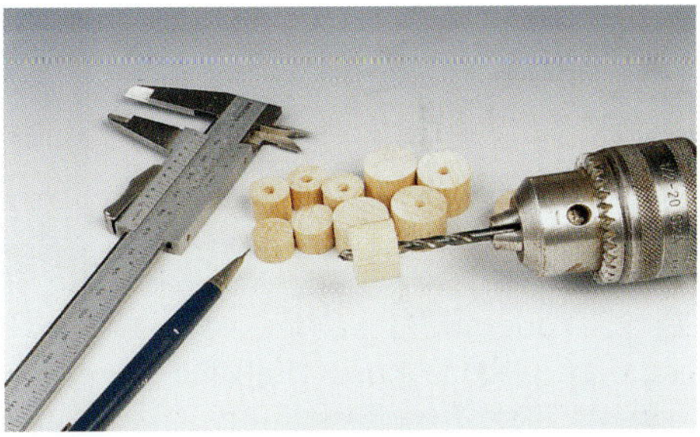

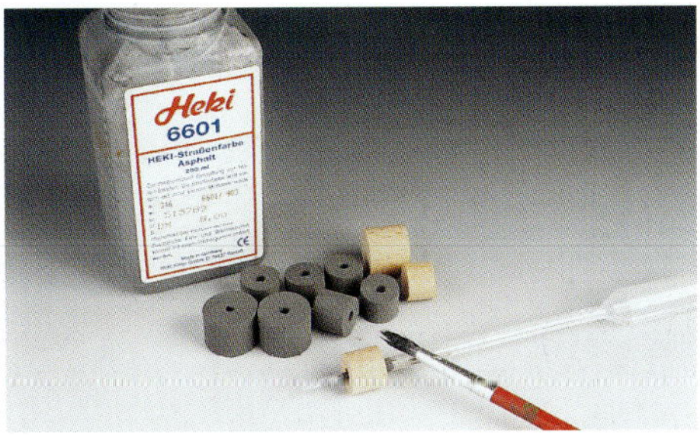

Gleichmäßige Abschnitte von Rundhölzern erhalten ein Loch in der Mitte. Der Anstrich erfolgt mit grauer Straßenfarbe

Wagen sind mit und ohne Coils erhältlich. Die Deutsche Reichsbahn verlud Coils auf sechsachsigen Flachwagen mit niedrigen Seitenwänden (Gattung Samms-u) in ste-

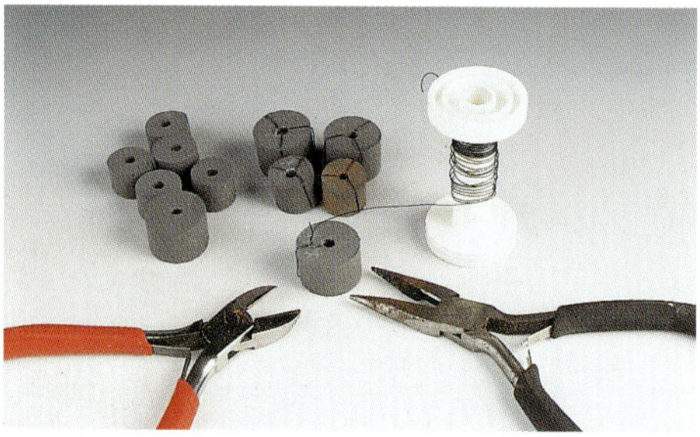

Jeder Coil wird mit drei Drähten gebunden

hender Lagerung. Modelle dieser Wagen sind von *Brawa* erhältlich. Außerdem bieten auch Ladeguthersteller schön detaillierte Coils als Zubehör an. Bei der Menge, die für einen Zug benötigt wird, steigen die Kosten rasch in die Höhe. Für die Herstellung weniger teurer Coils aus der eigenen Werkstatt benötigt man Rundhölzer in verschiedenen Durchmessern zwischen 15 und 25 Millimetern. Davon werden etwa 20 Millimeter lange Abschnitte gesägt. Die Schnitte sollten sorgfältig und genau senkrecht erfolgen. Wer keine kleine Kreissäge besitzt, sollte einen Besuch bei einem befreundeten Modellbahner vorsehen, der über ein solches Werkzeug verfügt. Die handelsübliche Länge der Rundhölzer reicht auch für den Bedarf eines weiteren Modellbahners aus. In die so erzielten Zylinder bohrt man genau mittig ein vier Millimeter großes Loch und schleift die Schnittflächen glatt. Nun werden die Coils stahlgrau lackiert – gut geeignet ist dazu die Straßenfarbe von *Heki*. Schließlich erhalten die Rollen noch drei Bindungen aus 0,2 Millimeter Draht in gleichmäßigem Abstand durch die Bohrung.

Bei einem vorbeifahrenden Zug sind diese Coils kaum von den käuflichen zu unterscheiden. Erst recht nicht, wenn ein Wagen mit industriell gefertigten Rollen an gut sichtbarer Stelle abgestellt ist...

Auf den sechsachsigen Reichsbahn-Wagen bekamen die Coils „Stehplätze“

Drei
Gedeckte Wagen

„Was soll ein Kapitel über gedeckte Wagen?" wird mancher Leser fragen. „Man sieht ja doch nichts!" Stimmt und stimmt auch wieder nicht. Es gibt nämlich auch Fälle, in denen man auch bei gedeckten Wagen die Ladung oder Teile davon sieht. Einige davon möchten wir Ihnen hier vorstellen.

Angespritzte Kisten werden holzfarbig lackiert

Offene Türen

Da sind zunächst die Wagen, deren Türen man öffnen kann. Zwar sollten die Türen während der Fahrt geschlossen sein, aber halten sich alle Modellbahner daran?

Außerdem stehen manche Wagen auch auf einem Abstellgleis oder an der Laderampe, dann kann durchaus eine Tür offen stehen. Den Innenraum kann man mit Transport-

Offene Wagentüren und Kisten auf der Rampe vermitteln den Eindruck des Ladegeschäfts

gut ganz nach eigenem Geschmack bestücken. Die Zubehörindustrie liefert dazu zahlreiche Kleinteile wie Kisten, Pakete, Fässer, Milchkannen, Säcke und vieles mehr in allen denkbaren Qualitäten.

Manche Wagen haben bereits ab Werk Kisten geladen. Das ist zum Beispiel bei den Modellen des Gmhs 53, später Gs 204, von *Fleischmann* der Fall. Leider sind die Kisten in der gleichen Farbe gehalten wie der Wagenkasten, so dass die Modellbahner zu Pinsel und Farbe greifen müssen. (Einige stehen auch auf dem Standpunkt: „Zum Glück hat *Fleischmann* uns was zu tun übrig gelassen.“) Die einen können ja die Türen geschlossen halten, die anderen müssen den Wagen zerlegen. Etwas kompliziert ist nach dem Abnehmen des Daches das Entfernen des Einsatzes, an dem die Lade- und Lüftungsklappen befestigt sind. Danach sind die am Wagenboden angespritzten Kisten zugänglich und können mit matten, hellen Beige- und Ockertönen angemalt werden.

Ladehilfe

Gegen Regenfälle sind auch Kartoffeln, die sonst wie Schüttgüter behandelt wurden, empfindlich. Sie wurden dann in gedeckten Wagen transportiert. Zum Beladen wurde vor die Ladeluken der Wagen eine Art hölzerner Trichter gesetzt, durch den die Kartoffeln in die Wagen geschaufelt werden. So ist die schmale Öffnung leichter zu treffen. Hat der als Kartoffeltransporter vorgesehene Wagen keine offenen Ladeluken, so muss die Luke mit mechanischen Mitteln geöffnet werden. Dazu bohrt man mit einem kleinen Bohrer dicht nebeneinander Löcher an den Rand der

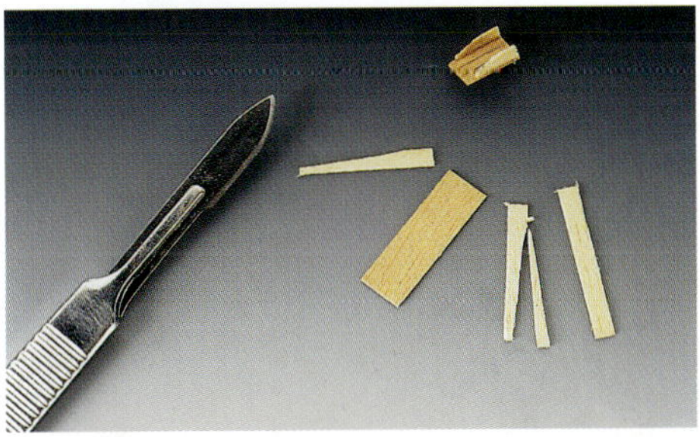

In die aufgebohrte und befeilte Ladeluke kommt ein Ladetrichter aus Furnierholzstreifen, der das Einladen der Kartoffeln enorm erleichtert

Beim Überschreiten der Übergangsbretter stellen sich Rindviecher manchmal störrisch an

Luke. Die Stege dazwischen lassen sich leicht ausbrechen, und die Ränder können dann mit einer kleinen Schlüsselfeile bearbeitet werden, bis sie gerade sind.

> **! Szenen auf der Laderampe wirken nur realistisch, wenn auch ein Wagen an der Rampe steht.**

Aus drei Streifen Furnierholz setzt man die Schütte zusammen und klebt sie vor die Ladeöffnung. So erkennt man auch an einem gedeckten Wagen die Ladung, obwohl kein Fuhrwerk auf der Ladestraße davor steht.

Vieh auf Reisen

Man mag es heute kaum glauben, auch Tiere fuhren mit der Eisenbahn. Allerdings führte die Reise meist nur bis zum nächsten Schlachthof. Aber auch Zuchtviehhändler wickelten ihre Geschäfte mit Hilfe der Bahn ab. Für die Tiertransporte bestanden besondere Vorschriften. So mussten

Ein Messinggatter, grundiert und lackiert, wird in die Türöffnung eingepasst: schon fährt das Rindvieh bei offenem Fenster

die Züge in bestimmten Abständen halten, damit die Tiere getränkt werden konnten. Und nach dem Transport mussten die Wagen zur Reinigung und Desinfektion. Großvieh wie Kühe wurde zu Huf auf die Plätze in gedeckten Wagen geführt. Während der Fahrt musste den Tieren genügend Frischluft zugeführt werden. Deshalb standen oft die Türen offen und waren durch ein hölzernes Gatter gesichert. Solche Gatter kann man aus selbst geschnittenen Furnierholzstreifen bauen. Wir haben aber bei *Panier* sehr schöne Gatter aus Messingguss gefunden. Sie werden gereinigt, grundiert und in einem Holzfarbton lackiert. Dann wird das Gatter von innen in den Wagen eingesetzt und mit ein wenig Kleber befestigt.

So reisen Schweine erster Klasse!

Verschlagwagen

Für kleinere Tiere wie Schweine, Schafe oder Ziegen hielten die Eisenbahnen Verschlagwagen bereit. Das waren Wagen mit durchbrochenen Seitenwänden (zur Belüftung). Im Inneren besaßen die Wagen zwei Etagen, die in verschiedene Verschläge unterteilt waren. Nun kann man zwar von außen kaum sehen, was sich in diesen Verschlägen befindet, aber wie sagte ein früherer Werbeslogan: „Das Besondere ist, zu wissen, es ist Platin!“ Und so gehört der mit Schweinen bestückte V 23 zu den besonderen Schätzen seines Besitzers.

In diesem Wagen befindet sich eine zweite Ebene, die auf zwei Holzklötzen ruht. Dieser Boden wurde grau angestrichen, und in die noch feuchte Farbe wurden gelbe Streufasern als Stroh

Dem Gedränge nach fahren diese Schafe im Berufsverkehr

gestreut. So entstand ein Abteil erster Klasse für die *Preiser*-Schweine.

Gut macht sich auch eine Szene, die die Beladung an der Viehrampe des Güterbahnhofs darstellt. Die Tiere wurden durch bewegliche Gatter zu den Wagentüren gelenkt. Natürlich muss dazu eine der Wagentüren offen stehen, was beim *Märklin*-Modell eines Verschlagwagens möglich ist. Damit die Herdentiere auch in die obere Etage gelangen, muss man noch eine Viehrampe bereitstellen.

Pferdetransport

Für den Transport von wertvollen Reit- und Turnierpferden standen besondere Stallungswagen zur Verfügung, die auch über ein separates Abteil für die Begleitpersonen verfügten. Die Wagen konnten 120 km/h schnell laufen, so dass sie auch Schnellzügen beigestellt werden konnten. Seit Kurzem erst bietet *Fleischmann* ein Modell eines solchen Wagens der Bauart GGvwehs 44 (später Hakrs-v 346) an.

Diese Tiere reisen sogar im Schnellzug nach Baden-Baden oder Aachen...

Leider kann man an diesem sonst sehr schönen Modell die Türen nicht öffnen. In diesem Fall muss sich also die Darstellung des lebenden Transportgutes auf die Szene an der Rampe beschränken: Ein lohnendes Thema für den vorderen Anlagenrand. Werden nur gelegentlich Tiere verladen, reicht für den Güterbahnhof eine normale Rampe mit einem Gatter als Ausstattung aus. Wo aber regelmäßig und in größerer Anzahl Vieh auf Reisen geht, da sollte das Umfeld des Güterbahnhofs darauf eingerichtet sein. Angrenzend an die Verladestelle befanden sich in der Realität mehrere Pferche, sozusagen Wartesäle fürs Vieh. Von jedem Pferch konnte mit beweglichen Gattern ein Weg zum Wagen gebildet werden. Außerdem hielten die Bahnhöfe Übergangsbrücken bereit, über welche die Tiere in die Wagen gelangten.

Schließlich gehört noch ein weiteres Gleis mit einer Anlage dazu, an der die Wagen nach jedem Transport gründlich gereinigt und desinfiziert werden können.

Vier

Lastkraftwagen

Viele der Ladegüter, die die Eisenbahn transportiert, müssen zum Güterbahnhof gebracht und von dort wieder abgeholt werden. Deshalb kommen prinzipiell die meisten der bisher genannten Frachten auch auf Lastkraftwagen vor, sofern die Lkw von der Größe und dem zulässigen Ladegewicht her dafür geeignet sind. Soweit die Ladeeinsätze der Eisenbahnwagen auf die Ladeflächen der Lkw passen, kann der Umladevorgang auch im Modell vorgenommen werden. Dazu muss man dann allerdings mit der Hand eingreifen. Dabei bewähren sich komplett austauschbare Ladeeinsätze.

Ein Stück Balsaholz wird mit Furnierholzbrettern abgedeckt. Nach einigen Querhölzern werden die nächsten Bretterstapel aufgelegt

Ein solches Beispiel stellt die hier gezeigte Bretterladung dar.

Die Ladung von Motorwagen und Anhänger könnte auf einem Rungenwagen zur Ladestraße des Güterbahnhofs gekommen sein, wo sie auf den Lkw umgeladen wurde. Ein fünf bis sieben Millimeter starkes Balsaholzbrettchen im Maß der Ladefläche bildet die Basis. Oben drauf wird eine Lage aus 0,5 Millimeter starken und drei Millimeter breiten Furnierholzstreifen geklebt. Aus gleichem Material klebt man weitere Bretterstapel zusammen, die nach Einfügen von quer liegenden Streichhölzern die nächste Lage bilden. Auf die gleiche Weise lassen sich auch Kanthölzer und dickere Balken auf Lkw laden.

Baustellenverkehr

Auf der Straße finden auch Transporte statt, die keinen Anschluss auf der Schiene haben. Hierzu gehört vor allem der Verkehr an Baustellen, wo Erdaushub oder gegebenenfalls auch Bauschutt abgefahren werden muss. Umgekehrt werden dort größere Mengen Sand und Kies benötigt. Natürlich bietet es sich an, das Ladegut einfach in die Kippmulden zu füllen und bei Bedarf wieder genauso einfach zu entleeren. Da aber Straßenfahrzeuge selten festgeklebt werden, reicht eine unbedachte Bewegung, um die gesamt Ladung über die Anlage zu verstreuen. Für transportable Anlagenteile ist diese Methode ohnehin von vorn herein ungeeignet.

Dieser Lkw kommt mit einer Ladung Erdaushub von einer gerade eingerichteten Baustelle

Moderne Großbaustellen haben einen immensen Bedarf an Sand und Kies

Zur Herstellung austauschbarer Schüttgutladungen kann man mit Knetgummi eine Negativform der Lademulde herstellen. Hiervon lässt sich mit Silikonkautschuk ein Abguss des Laderaums fertigen. In diese Silikonform kann man nun das Ladegut einfüllen und mit verdünntem Weißleim beträufeln. Zum Schluss wird noch eine Lage oben drauf gestreut. Nach dem Trocknen lässt sich die Ladung als Ganzes aus der flexiblen Form entnehmen und im Lkw verladen. In der gleichen Form kann dann der nächste Einsatz mit anderem Ladegut hergestellt werden. Und der Lkw kann mehrmals mit anderen Frachten unterwegs sein.

Land- und Forstwirtschaft

Manche Spezial-Fahrzeuge wirken geradezu nackt ohne ihre Ladung. Dies gilt auch für den Langholztransporter von *Roskopf*. Allerdings können die mitgelieferten Plastikstämme nicht so recht überzeugen. Auch hier schafft ein Waldspaziergang Abhilfe. Genauso wie für den Eisenbahnwagen wird die Ladung für den Lkw aus gesammelten Zweigen angefertigt.

Die meisten landwirtschaftlichen Güter wurden vom Erzeuger auf Anhängern mit dem Traktor zum Bahnhof gefahren. Während der Bauer mit dem Traktor die nächste Fuhre holte, mussten die

Mit solchen Lkw gelangt das Holz zum Bahnhof

Ladearbeiter die Ladung in die Wagen schaufeln. Für Ladevorgänge können Fahrzeuge in unterschiedlich vollem Zustand gefertigt werden. *Preiser*figuren mit Schaufeln verstärken die Illusion, hier würde etwas umgeladen.

Typisch Landwirtschaft: Anhänger mit Kartoffeln

Bahnamtliche Rollfuhr

Die Auslieferung kleinerer Frachtstücke wie Kisten, Säcke und Pakete nahmen Speditionen vor, die als „Bahnamtliche Rollfuhr" bezeichnet wurden. Sie fuhren die Frachtstücke auf kleineren Lkw mit Pritsche und Plane zu den Empfängern. Meist war die Ladefläche bunt mit verschiedenen Stückgütern aller Art belegt. Eine große Auswahl fertiger Kisten, Säcke, Kannen u. s. w. findet sich im Programm von *Preiser*. Damit man die schönen Teile auch sieht, muss man die hintere Fläche der Pla-

Hier hat der Fahrer Glück, es ist ein Gabelstapler zum Abladen vorhanden

! Lkw-Ladeeinsätze möglichst so gestalten, dass sie auch auf Eisenbahnwagen Platz finden können.

ne aus dem Aufsatz aussägen. Fertig geöffnete Planen weisen oft einen zu breiten Rahmen auf. Soll der Fahrer gerade mit einer Auslieferung beschäftigt sein, kann man die hintere Bordwandklappe, die hintere „Bracke", sauber mit einem feinen Laubsägeblatt aussägen und von unten wieder ankleben.

Na dann Prost!

Von den Automodellherstellern werden gern Kleintransporter oder Lkw mit Getränkeaufbau aufgelegt, die wegen der Werbeaufdrucke für bestimmte Brauereien oder Brausemarken einen lokalen Bezug herstellen. Was fehlt, ist die typische Ladung. Auch hier kann *Preiser* Abhilfe leisten. Von den Rothenburgern gibt es außer Bierfässern auch einen Satz mit Getränkekisten und passenden braunen und grünen Flascheneinsätzen. Die Kisten werden

grün oder rot gestrichen. Mit einem Gelstift färbt man die Oberkanten der Flascheneinsätze nach und ahmt damit die Flaschenverschlüsse nach. Für die in der Epoche 3 vorherrschenden Bügelverschlüsse ist ein weißer Stift richtig. Für jüngere Epochen deutet man die Kronkorken mit einem silbernen oder goldenen Stift an. Auf einigen Kisten lässt man die

Ein wenig weiße beziehungsweise auch silberne oder goldene Farbe imitiert die Verschlüsse der „Preiser-Bräu"-Flaschen (oben). Ob Schultheiss schon in der Epoche 3 zu Kurfürsten gehörte?

Die Arbeit an der Baustelle ist abgeschlossen und die letzten Werkzeuge gehen zurück zum Bauhof...

Färbung der Verschlüsse einfach weg und hat so auch ein paar Kisten Leergut auf dem Lkw.

Ende einer Baustelle

Das Nachstellen einer Baustelle auf Modellbahnen ist recht beliebt, aber nicht auf jeder Modellbahnanlage ist Platz dafür. Doch in der Wirklichkeit wird jede Baustelle einmal fertig, und dann heißt es, die restlichen Materialien und das Werkzeug von der Baustelle abzuräumen. Meist passen die restlichen Zeugen der Arbeit auf eine Lkw-Ladefläche. Eine Werkzeugkiste, ein Haufen Sand, Bretter, Schaufeln und Absperrgeräte bilden die Ladung bei der letzten Fahrt von der Baustelle.

Mit dem Bild eines solchen Abräumfahrzeugs räumen auch wir diese Baustelle, damit Sie viele Ladungen für Ihre Güterzüge anfertigen können. Wir wünschen Ihnen zahlreiche kurzweilige Bastelstunden. Wir hoffen, Ihnen dazu zahlreiche Anregungen gegeben zu haben. Bei weitem haben wir nicht alle möglichen Ladegüter im Modell vorstellen können. Ganze Kapitel – wie die zahlreichen Varianten von Containern oder die vielen Abarten des kombinierten Ladungsverkehrs – konnten wir nicht berücksichtigen. Und dann gibt es da noch die Autozüge, Zirkuszüge…

Schluss! Schließlich sollen Sie ja noch eigene Ideen entwickeln können. Denn:

Güter gehören auf die Modellbahn!

Hersteller von Modellladegütern

Asoa Klaus Holl	Postfach 44 01 40	D-80750 München
Auhagen GmbH	Hüttengrund 25	D-09496 Marienberg
Busch Modellspielwaren GmbH & Co. KG	Postfach 12 60	D-68502 Viernheim
Conrad GmbH	Birkgartenstr. 15	D-90562 Kalchreuth
Gebr. Faller GmbH	Postfach 11 20	D-78148 Gütenbach
Heico Modell	Steinschrotweg 7	D-96450 Coburg
Heki Kittler GmbH	Am Bahndamm 10	D-76437 Rastatt
Hobby-Ecke Schuhmacher	Lerchenhofstr. 18	D-71711 Steinheim-Murr
Jeweha Modelbouw	Roozenstraat 7	B-3950 Bocholt
Kibri Spielwarenfabrik GmbH	Postfach 15 40	D-71005 Böblingen
Langley Models (Vertrieb: Poscher Modellbahnspezialist)	166 Three Bridges Road	Crawley, Sussex, RH10 1LE, UK
M+D	Ottostr. 4	93413 Cham
Modellbahn creativ (Siegfried Künzel)	Reichsstr. 1a	09112 Chemnitz
Noch GmbH & Co.	Lindauer Str. 49	D-88239 Wangen
Panier Modellbau	Ewige Weide 14	D-22926 Ahrensburg
Pola (Vertrieb: Gebr. Faller GmbH)	Postfach 11 20	D-78148 Gütenbach
Poscher Modellbahnspezialist	Viersener Str.77	D-41751 Viersen
Rainershagener Naturals	Grasshoffstr. 40a	D-32425 Minden
Silhouette Modellbahnzubehör	Bodenseestr. 216	D-81243 München
Vollmer GmbH & Co. KG	Postfach 40 09 20	D-70409 Stuttgart
Walthers Inc.	5601 W. Florist Avenue	Milwaukee, WI 53218, USA
Weinert Modellbau	Mittelwendung 7	D-28844 Wehye/Dreye
Werner (Robert Werner)	Bahnhofstraße 31	09517 Zöblitz
Woodland Scenics		
- Vertrieb Noch	Lindauer Str. 49	D-88239 Wangen
- Vertrieb Liliput: Bachmann Europe plc, Deutschland	Am Umspannwerk 5	90518 Altdorf

Diese Auflistung erhebt keinen Anspruch auf Vollständigkeit.

Wir danken den folgenden Firmen für ihre Unterstützung:
Asoa, Brawa, Fleischmann, Kibri, Krüger Eisenbahn-Modellbau, Langley, Märklin, Piko, Preiser, Poscher Modellbahnspezialist, Roco, Trix, Vollmer und Weinert.

www.asoa.de
www.auhagen.de
www.busch-model.com
www.conrad-modelle.de
www.faller.de
www.heico-modell.de
www.heki-kittler.de
www.hobby-ecke.de
www.jeweha-modelbouw.be
www.kibri.com
www.langleymodels.co.uk
www.mudgmbh.de

www.noch.de
www.carocar.com/
www.faller.de
www.modellbahnspezialist.de

www.miniatur.de
www.vollmer-kit.de
www.walthers.com
www.weinert-modellbau.de
www.tira.de/home/werner/r.htm
www.woodlandscenics.com
www.noch.de
www.liliput.de

Werkzeuge (Grundausstattung)

Bastelmesser oder Skalpell
Bügelsäge
Feilen
Raspel
Stahllineal
Pinzette
Spitzzange
Seitenschneider
kleine Bohrer mit Stiftenklöbchen
Bleistift
Pinsel

Werkzeuge für erweiterte Ansprüche:

Minibohrmaschine
Airbrush-Pistole
elektrische Tischkreissäge

Häufig benötigte Materialien:

Hartschaumplatte
Furnierholzreste
Streichhölzer
div. Holzleisten
Kunststoffprofile
Messingprofile
Weißleim
Polystyrol-Kleber
Sekundenkleber
0,3-mm-Bindedraht
Tempera- oder Dispersionsfarben
Kunstharzlacke
Holzbeize (dunkel)
Waschbenzin

Dieter Eikhoff, Jahrgang 1951, sieht im Betrieb einer Modellbahn ein Gesellschaftsspiel, das erst mit weiteren Mitspielern richtig interessant wird. Ein Fahrplan und Frachtaufträge gehören ebenfalls dazu. Beim Vorbild gehört seine Vorliebe den Lasteseln der Bahn, den Güterwagen. Der Journalist Eikhoff hat die Themen Eisenbahn und Modellbahn in verschiedenen Redaktionen bearbeitet und ist auch dem GeraMond Verlag seit längerem verbunden.

Volker Großkopf, geboren 1965, hat die Eisenbahn von beruflicher Seite kennengelernt. Als Lokführer einer Bahn-Gesellschaft im Ruhrgebiet war es für ihn selbstverständlich, dass Güterwagen eine Ladung transportieren. Im privaten Bereich interessieren ihn vor allem Schmalspurbahnen. Er geht auf Spurensuche nach stummen Zeugen einstiger Schmalspuridylle und setzt romantische Szenen ins Modell um. Seine Beobachtungen und Erfahrungen hat er in zahlreichen Veröffentlichungen – darunter auch im GeraNova-Sammelwerk „Schritt für Schritt..." – an andere weitergegeben. Stets behält er den Spaß am Hobby Modellbahn im Blickpunkt.

Ein kostenloses Gesamtverzeichnis erhalten Sie beim
GeraMond Verlag
D-81664 München

www.geramond.de

Lektorat: Lothar Reiserer
Layout: Dr. Susanna Reiserer
Repro: Lanarepro, Lana
Umschlaggestaltung: Kraxenberger
Herstellung: Thomas Fischer

Alle Angaben dieses Werkes wurden vom Autor sorgfältig recherchiert und auf den aktuellen Stand gebracht sowie vom Verlag geprüft. Für die Richtigkeit der Angaben kann jedoch keine Haftung übernommen werden. Für Hinweise und Anregungen sind wir jederzeit dankbar. Bitte richten Sie diese an:
GeraMond Verlag
Produktmanagement
Innsbrucker Ring 15
D-81673 München
e-mail: lektorat@geranova.de

Alle Abbildungen in diesem Band stammen von Volker Großkopf.

Die Deutsche Bibliothek – CIP Einheitsaufnahme
Ein Titeldatensatz für diese Publikation ist bei der Deutschen Bibliothek erhältlich.

Printed in Italy by Printer, Trento
ISBN 3-7654-7284-0